11
1714

Frits van der Gragt

Gute alte Tram

Tramnostalgie DDR

SCHWEERS + WALL

Titelbild: Berlin, Kreuzung Schönhauser Allee/Bormholmer Straße am 16. Mai 1966. Die Linie 3 kommt vom Betriebshof Niederschönhausen und biegt zur Björnsonstraße ab. Der „Maximum“-Triebwagen 5416 (Baujahr 1913) wirkt schon recht vernachlässigt und hat keine zwei Jahre mehr vor sich. Die beiden LOWA-Beiwagen (Reihe 1701-1740) sind vom ersten Nachkriegs-Neubautyp der DDR. Im Hintergrund ein U-Bahn-Zug der Linie Pankow - Thälmannplatz.

Vorsatzblatt: Der drittgrößte Straßenbahnbetrieb der DDR war Dresden. Geradezu legendären Ruf hatten die Dresdner Triebwagen vom Typ „Großer Hecht“. Triebwagen 1714 aus dieser Serie hat am 7. Mai 1968 den Endpunkt der Linie 11 in Coschütz erreicht und umfährt seinen Beiwagen 1323 (siehe auch Bild 79 auf Seite 58). Ein Hemmschuh sichert den Beiwagen gegen Abrollen.

Umschlagrückseite: Neben den großen städtischen Netzen gab es viele Kleinbetriebe mit ganz eigenem Flair. Unweit von Berlin fährt heute noch eine solche Überlandstraßenbahn auf Meterspur nach Schöneiche und Rüdersdorf. Am 15. Mai 1966 strebt Triebwagen 53 (ex Nr. 3) mit dem aus Chemnitz übernommenen Beiwagen 33 von Rüdersdorf aus Richtung Friedrichshagen - im Hintergrund die Autobahnbrücke. Der Triebwagen stammt noch aus dem Eröffnungsjahr 1914.

Nachsatzblatt: Einen ähnlichen Charakter hatte die Lockwitztalbahn im Einzugsgebiet von Dresden. Am 30. April 1969 hielt der Autor diese dörfliche Szene mit Personal und Fahrzeugpark im winzigen Depot Kreischa im Bild fest. Der Triebwagen im Vordergrund ist vor kurzem aus Erfurt übernommen worden und erhielt 1971 noch die Computer-Nummer 240 003.

Der Autor:

Frits van der Gragt widmet sich seit Jahrzehnten seinem großen Hobby Schienenverkehr. Beruflich war er ab 1957 ausgerechnet für einen großen französischen Reifenhersteller in den Niederlanden tätig, ab 1972 als Verkaufsleiter; 1986 ging er in den (Un-)Ruhestand.

In seinem Heimatland, den Niederlanden, kennt ihn fast jeder Schienenverkehrsfreund. Von 1965 bis 1982 war er im Vorstand des großen niederländischen Amateurverbandes, der NVBS (Nederlandse Vereniging van Belangstellenden in het Spoor- en Tramwegwezen), anfangs als 2. Vorsitzender, in den letzten Jahren als 1. Vorsitzender. Er organisierte zwei runde NVBS-Jubiläen, zunächst zum 50-jährigen Bestehen 1981 eine Straßenbahn-Parade in Amsterdam mit 22 Zügen sowie eine Dampflokparade in Amersfoort mit 13 Lokomotiven. Für das NVBS-Jubiläum 1991 wurde er noch einmal in den Vorstand berufen und stellte eine Straßenbahn-Parade mit 26 Zügen und eine Dampf-Parade mit 25 Loks auf die Beine, die beide in Amsterdam stattfanden.

Neben seinem Engagement für die NVBS war er ab 1968 aktiv beim Aufbau der Museumseisenbahn Hoorn-Medemblik dabei, u.a. von 1972 bis 1981 als Dampflokführer. Seit 1992 ist er Vorsitzender der dortigen Museumsstiftung, die den größten Teil des Rollmaterials der Museumsbahn und die Akten der Bahn besitzt und verwaltet; bis heute tut er im Sommer regelmäßig als Zugführer Dienst.

In den Niederlanden sind die Hobbys „Eisenbahn“ und „Straßenbahn“ längst nicht so strikt getrennt wie in Deutschland, und so ist es kein Wunder, daß Frits auch bei der Amsterdamer Museumsstraßenbahn dabei war - seit 1988 stand er dort regelmäßig an der Kurbel der historischen Tramwagen. Übrigens konnte man ihn auch als Fahrer im Amsterdamer Linienverkehr erleben, von 1998 bis 2000 regelmäßig, bis heute noch gelegentlich.

Auch publizistisch trat er an die Öffentlichkeit. 1968 erschien sein Buch „Europe‘s Greatest Tramway Network“ über die Straßenbahnen an Rhein und Ruhr, 1972 folgte „Moderne Straßenbahnen“ und 1983 der Bildband „Gute alte Tram“. Seither gab es eine größere Pause, aber nur hinsichtlich der Buchveröffentlichungen, denn 1986 übernahm Frits van der Gragt den Posten des Chefredakteurs der NVBS-Monatszeitschrift „Op de Rails“ - ein Amt, das ihm bis heute sehr viel Zeit und Arbeit abverlangt. Als echter Weltbürger ist er zwischen den Redaktionsterminen oft auf Reisen rund um den Globus - es gibt wohl kaum einen Straßenbahnbetrieb auf der Welt, den er nicht kennt.

Frits van der Gragt lebt in Amsterdam, nicht weit von seinen beiden Kindern und vier Enkeln.

ISBN 3-89494-125-1

Printed in Belgium 2002

Satz, Layout, Kartografie und Farblithografie: Verlag Schweers + Wall GmbH
Druck: Druckerei Grenz-Echo, Eupen

Inhalt

Ein Holländer in der DDR - eine Einführung

Dieser Bildband beruht auf Nostalgie, aber zum Teil auf einer falschen Nostalgie. Romantisch anmutende Bilder von alten Straßenbahnwagen in den sechziger Jahren, teilweise 40 Jahre alt, die durch stille Straßen fast ohne Autos fahren, durch kleine kaum von der Zeit berührte Ortschaften und Vororte, durch Straßen mit vielen Bäumen und alten Häusern - es klingt wie in einem Märchen. In Wirklichkeit spielte sich dies alles ab in einem fürchterlichen Land, wo die eine Hälfte der Menschen die andere Hälfte ausspionierte, wo die Polizei den Leuten einen Maulkorb umband, kein Radio oder Fernsehen aus anderen Ländern erlaubt war, kurz: ein Gefängnis, dem man kaum entfliehen konnte. Zweifellos gab es aber in der Bevölkerung eine gewisse Solidarität in diesen dunklen Jahren, die nach der Wende größtenteils verloren gegangen ist. Die Machthaber mussten zulassen, dass ein wichtiger Teil der Produktion nach dem „Brudervolk" im Osten ging - die DDR wurde viele Jahre lang buchstäblich leergeraubt. Die Nostalgie, die aus den Bildern spricht, beruht vor allem auf diesem Umstand. Wenn Straßenbahnfreunde, die sich über die Bilder freuen, den DDR-Machthabern etwas Positives nachsagen wollen, dann können sie ihnen dankbar sein für den jahrelangen Rückstand, der diese Bilder erst ermöglicht hat.

Dass die Bevölkerung sich dessen trotz der dauernden Propaganda sehr bewusst war, zeigt eine kleine Anekdote. Eine kleine Gruppe niederländischer Schienenverkehrsfreunde (es gab mehr „dampfverrückte" westliche Besucher als „Straßenbahn-Gestörte") machte im Sommer 1972 eine abendliche Fahrt mit einem schmalspurigen Straßenbahnzug in Karl-Marx-Stadt, die durch sparsam von Gaslaternen beleuchtete, verkehrslose Straßen führte und für uns ein Erlebnis war. An der Endhaltestelle wurde beschlossen, wieder mit derselben Bahn zurück in die Stadt zu fahren, so blieb die Gruppe in der Nähe des Wagens. Fahrgäste und Fahrer stellten die üblichen Fragen: „Von wo kommen Sie?" und „Was tun Sie hier?" usw. Wie auch in anderen Ländern wäre eine Erklärung, dass die Straßenbahn Ziel des Besuches war, zweifellos auf wenig Verständnis gestoßen, deshalb verwendete einer aus der Gruppe das Wort „Urlaubsreise". Aus voller Überzeugung erfolgte lauthals die Antwort von sämtlichen Fahrgästen und dem Fahrer: „Dann müsst Ihr absolut verrückt sein, um in so einem Sch... Land Urlaub machen zu wollen." Das Gefühl von Erleichterung, das jeden Besucher der DDR schließlich bei der Ausreise überkam, gehörte auch bei solchen Straßenbahnreisen dazu.

Bis Anfang der sechziger Jahre war es für Bewohner Westeuropas sehr schwierig, touristische Reisen in die DDR zu unternehmen. Ausnahme waren Besuche der Leipziger Messe, für die eine bestimmte Route vorgeschrieben wurde. Andere Städte zu besuchen, war kaum möglich. Die ersten ostdeutschen Straßenbahnen konnten vom Verfasser 1964 daher nur von West-Berlin aus mit einem Tagesvisum für die „Hauptstadt der DDR" gesichtet werden: das waren die Ost-Berliner BVB sowie die Woltersdorfer und die Schöneicher Straßenbahn. Noch immer erinnere ich mich an die Stunde, die man im Bahnhof Friedrichstraße in einem Zimmer ohne Fenster verbringen musste, zusammen mit unfreundlichen Polizisten, unsicher was wohl mit dem einkassierten Reisepass geschehen würde - man fühlte sich irgendwie ausgeliefert. Endlich durfte man hinaus auf die Straße - und da kam sie dann um die Ecke: unsere erste „kommunistische" Straßenbahn, lange nicht lackiert, ungewaschen, geräuschvoll, eben ganz anders als die BVG-West-Bahn. Als erstes sah man einen Reko-Dreiwagenzug über die Spreebrücke fahren . . .

In kurzer Zeit bekamen wir auch die fast 60 Jahre alten „Maximum"-Triebwagen zu sehen, die typischen Berliner Mitteleinstiegswagen - all das, was wir im Westen genau verpasst hatten.

Schon beim ersten Besuch taten wir etwas Verbotenes. In Rahnsdorf bei der Woltersdorfer Straßenbahn gab die Fahrerin die Auskunft, dass die Stadtgrenze auf halber Strecke im Wald Richtung Woltersdorf liege und unser Tagesvisum so weit nicht reiche, aber sie wollte ihrer Kollegin bei der Zugkreuzung Bescheid sagen, und wir könnten dann mit dem anderen Zug zurück fahren. „Dann haben Sie wenigstens die Hälfte unserer Bahn gesehen".

Mit der Zeit wurden die Möglichkeiten für Westeuropäer größer, soweit man kein Westdeutscher (oder sogar noch schlimmer: Westberliner) war. Eine DDR-Reise musste trotzdem gut vorbereitet werden. Mit einem Reiseplan ging es zuerst in ein auf Ostblockstaaten spezialisiertes Reisebüro, wo im voraus sämtliche Hotels reserviert werden mussten. Ohne diese Reservierungen kam man gar nicht erst über die Grenze. War man schließlich mit hereinbrechendem Abend in einer bestimmten Übernachtungsstadt angekommen, mußte man sich beim örtlichen Polizeibüro melden. Die größeren Hotels erledigten das gelegentlich selbst für den ausländischen Gast. Manchmal dauerte solch ein Polizeibesuch eine Stunde - je später man kam, desto schneller ging es! Samstags war 11.50 Uhr eine gute Zeit: um 12.00 war nämlich Dienstschluß... Hatte man Glück, dann traf man einen geschickten Polizisten, der einem gleich eine Aufenthaltsgenehmigung für die nächsten Städte gab. Aufenthalte bei Bekannten waren nicht zu empfehlen, weniger für den Ausländer, als für den betroffenen DDR-Bürger: ein rechtschaffener Bürger der DDR hatte nämlich keine Bekannten aus dem Westen...

Offenbar hatte der Ostberliner Besuch so viel Eindruck gemacht, dass es zwei Jahre dauerte, bis wir genug Mut gesammelt hatten, die DDR selbst einmal zu bereisen. Man wusste damals nie, wie lange solch ein Touristenvisum noch zu beschaffen war, so dass während der zweiten Reise im Mai 1966 mehr als die Hälfte der 30 DDR-Straßenbahnbetriebe besucht wurde (achten Sie einmal auf die Datumsangaben bei den Fotos!). Wir schafften es sogar, fünf Kleinstädte pro Tag zu besuchen. Autobahnstaus gab es nicht, weder Parkprobleme noch Verkehrshindernisse. Nie werde ich die Kleinstadtatmosphäre bei den kleinen Bahnen von Mühlhausen, Eisenach, Nordhausen und Halberstadt vergessen, wo die Zeit wirklich stillgestanden hatte. Solche kleinen Straßenbahnbetriebe gab es in ganz Europa kaum noch! Wieder zwei Jahre später

folgten die sächsischen Betriebe, wo die Kirnitzschtalbahn und ihre Schwester, die Lockwitztalbahn, genau denselben Eindruck hinterließen. Erst 1972 waren die norddeutschen Städte an der Reihe. Dass der Fotograf nach fast 40 Jahren sich nicht immer genau an alle Einzelheiten erinnert, werden die Leser dieses Buches ihm hoffentlich vergeben! Leider wurden drei Straßenbahnbetriebe bereits eingestellt, bevor West-Touristen ein DDR-Visum kaufen konnten: Staßfurt (1957), Hohenstein-Ernstthal (1960) und Klingenthal - Sachsenberg-Georgenthal (1964). Stralsund hat der Autor bei seiner Reise 1966 verpasst, so dass diese vier Betriebe im vorliegenden Buch nicht verewigt werden konnten.

Es gab Fahrer, die behaupteten, dass die Straßenbahn nicht fotografiert werden dürfte. Aber (bei einem zweiten Besuch) trafen wir auch einen, der seinen Dreiwagenzug an der Mauer in Rosenthal so hinstellte, dass „die Blöden im Turm" nicht sehen konnten, dass der Straßenbahnfreund ganz gelassen Bahn und Mauer knipste. Im allgemeinen hatte man als Straßenbahnfreund wenig Schwierigkeiten beim Fotografieren - im Gegensatz zu Eisenbahn-Fotografen. Oft wurde man freundlich und mit Verständnis behandelt. Mehrmals kam es vor, daß Fahrzeuge im Betriebshof eigens so verschoben wurden, dass sie von der Straße aus zu fotografieren waren - am Betretungsverbot des Depots konnte das Personal ohnehin nichts ändern. Dies ist auch der Grund, warum in diesem Buch nur wenige Aufnahmen von Arbeitswagen zu finden sind.

Ap Everaarts

Die ersten Besuche des Verfassers fanden statt in einer Zeit, als die Straßenbahnwagen wegen wachsenden Personalmangels mit immer weniger Personal besetzt wurden. Schon 1958 fing man an, den Schaffner des Triebwagens einzusparen und den vorderen Wagen nur für Besitzer von Zeitkarten freizugeben. Der Triebwagen trug dann ein Schild mit einem großen „Z". Bald verzichtete man auch auf den Schaffner im ersten Beiwagen eines Dreiwagenzuges, das entsprechende Schild „ZZ" ist auf mehreren Bildern im Buch zu sehen. Schließlich gab es gar keinen Schaffner mehr, und die Bahn verkehrte „OS" (= Ohne Schaffner), wobei die Fahrgäste auf Selbstbedienung angewiesen waren. Anfänglich ging es recht primitiv zu: bei jedem Eingang war eine Zahlbox aufgestellt, in die die üblichen 15 oder 20 Pfennige geworfen werden mussten; danach war von einer Rolle eine Fahrkarte zu nehmen. Das alles unter den Augen der anderen Fahrgäste, im DDR-Jargon so schön „Gegenseitige Kontrolle" genannt ...

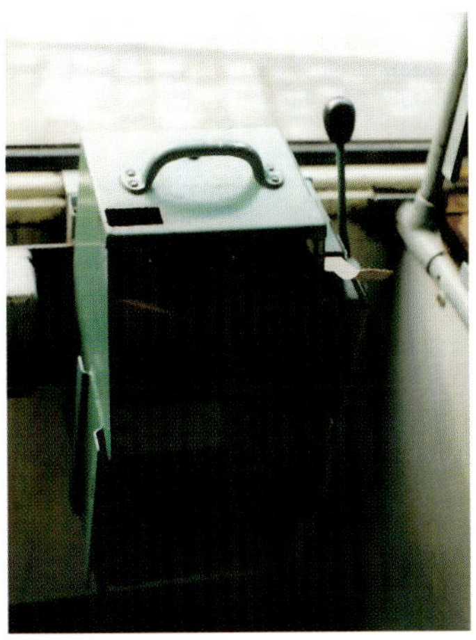
Ap Everaarts

Zahlbox mit Fahrkartenspender.

Zeitkarteninhaber hatten die Karten für alle sichtbar hoch zu halten. Kurz vor der Wende kam es oft vor, dass einem braven Zeitkartenbesitzer mit seiner hochgehaltenen Karte zugerufen wurde: „Hör doch auf mit dem Sch...". Im Laufe der Zeit wurden für Einzelfahrscheine oder Mehrfahrtenkarten primitive Entwerter aufgestellt, mit denen die Karten gelocht wurden. Bei kleineren Betrieben wie Woltersdorf oder die Kirnitzschtalbahn blieben die Zahlboxen noch bis nach der Wende in Betrieb.

Marco Moerland

„Gegenseitige Kontrolle"...

War diese Fahrgast-Selbstbedienung schon nicht lückensicher (bei einer fast leeren Bahn), sah es mit der Sicherheit an den Haltestellen noch schlechter aus. Die Triebwagen wurden mit Seitenspiegeln für den Fahrer ausgerüstet, und an jeder Tür wurde eine rote oder orange Warnlampe mit Klingel (der sog. „sozialistische Wecker") angebracht, die vom Fahrer vor der Abfahrt betätigt wurden. Als der „OS"-Betrieb eingeführt wurde, waren noch viele Vorkriegswagen ohne automatische Türen im Einsatz, die deshalb oft genug mit offenen Türen abfuhren. Immerhin waren die LOWA-, Gotha- und Tatra-Wagen entsprechend ausgerüstet und damit sicherer im Betrieb. Es kamen jedoch nur wenige Unfälle an den Haltestellen vor, das Publikum war an den Betriebsablauf gewöhnt.

Die Straßenbahn war für uns westliche Ausländer sehr billig: seit 1945 kostete eine Fahrt einheitlich 20 Pfennig, in Magdeburg nur 15 Pfennig. Für die DDR-Bürger

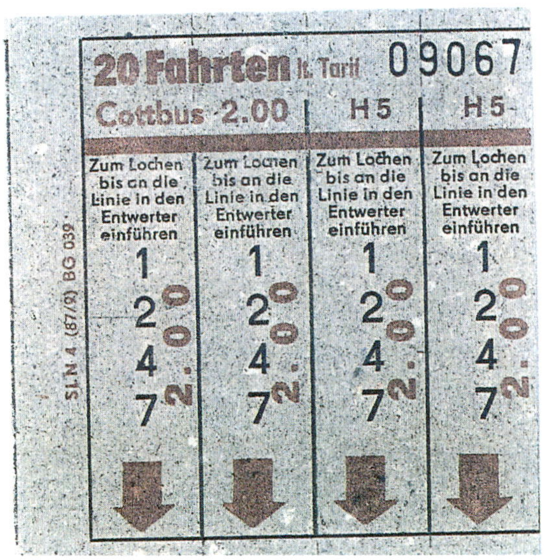

Marco Moerland

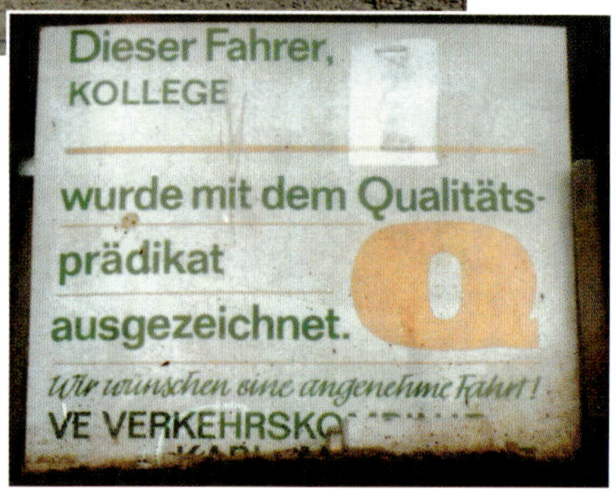

Ap Everaarts

sahen diese Preise aber anders aus, schließlich waren auch die Löhne entsprechend niedrig. Für die Werktätigen gab es Monatskarten, daneben auch verbilligte Mehrfahrtenkarten für sechs oder sogar zwanzig Fahrten. Tageskarten wurden grundsätzlich nicht ausgegeben.

Die niedrigen Löhne im öffentlichen Verkehr waren übrigens die wichtigste Ursache für den herrschenden Personalmangel. Viele Frauen waren als Fahrerin beschäftigt, und auch eine kleine Zahl von jungen Männern hatte soviel Spaß am Straßenbahnfahren, dass sie auch verhältnismäßig oft an der Kurbel zu sehen waren. Die Politiker kreierten daraufhin sogenannte „Jugendzüge", womit quasi Kinderarbeit von 17- und 18-jährigen legalisiert wurde.

Auf vielen Bildern wird sehr deutlich, dass die ostdeutschen Straßenbahnbetriebe unter Mangel an fast allem litten. Oft konnten die Fahrzeuge nur deshalb betriebsfähig gehalten werden, weil bestimmte Betriebe inoffiziell gute Beziehungen untereinander hatten und sich gegenseitig wo immer möglich halfen. Trotzdem gab es immer auch Betriebe, die im Vergleich zu anderen ihre Wagen in recht gutem äußerlichen Zustand hielten. War das in Leipzig als Messestadt mehr oder weniger verständlich, so pflegten auch Betriebe wie Erfurt, Gera, Rostock und später auch Dresden und Plauen ihren Fahrzeugpark so gut wie möglich. Den kleinsten Betrieben fehlte es dafür an allen Ecken und Enden - nur mit Hilfe größerer Nachbarn konnten sie am Laufen gehalten werden. So stand noch nach der Wende im Unterwerk von Woltersdorf ein wahrhaft historisches Teil von Quecksilberdampf-Gleichrichter, den man dann und wann nur mit einem kräftigen Tritt zum Zünden brachte... Die weitaus schmutzigsten und rostigsten Fahrzeuge fuhren in Halle: dort gab man der starken Luftverschmutzung durch die Chemiekombinate Schuld, aber erstaunlicherweise war die Luft im nahen Leipzig kaum besser! Die Bilder in diesem Buch sprechen bei jeder Stadt für sich. Obwohl die Bewohner der DDR es in ihrem Alltag zweifellos anders empfanden, hatte der ausländische Besucher den Eindruck, dass es in den achtziger Jahren etwas besser ging: die Fahrzeuge wurden besser unterhalten und hatten oft ein gepflegtes Farbkleid. Besonders auffallend war die äußerliche Veränderung in Berlin.

Ap Everaarts

Für den einen oder anderen Leser stellt sich sicher die Frage, wie wir uns in der damaligen Zeit über die Straßenbahnen in der DDR informieren konnten. Gelegentlich wurde ein Aufsatz in der Zeitschrift „Der Stadtverkehr" veröffentlicht, oder es erschienen Kurznachrichten in „Der Sammlerbrief" (später „Deutscher Verkehrs-Amateur") oder „Modern Tramway". Auch die (Vorkriegs-)Wagenparkübersichten von Dr. Friedrich aus Solingen waren sehr nützlich. Während unserer Besuche notierten wir so viel wie möglich die Nummern der LOWA- und Gotha-Wagen. Leider waren gelegentlich beim nächsten Besuch sämtliche Wagen umnumeriert . . . Noch schlimmer wurde es, als zuerst Berlin und Dresden 1971 die EDV-Numerierung einführten. Auch einige kleinere Betriebe schlossen sich an (Jena, Schwerin und Zwickau), aber die übrigen - selbst große Bahnen wie Leipzig, Halle, Erfurt und Magdeburg - machten diese „Hochstaplerei", wie ein Betriebsleiter das mir gegenüber nannte, nicht mit.

Der Straßenbahnfreund Joachim Mensdorf veröffentlichte 1969 ein kleines Jubiläumsbuch über die 75-jährige Straßenbahn in Plauen, das mir zum ersten Mal die Unterschiede bei den Gothawagen klar machte. Ein Besuch bei ihm im März 1972 (das Westauto war um die Ecke geparkt, weil der liebe Nachbar Parteimitglied war ...) brachte mich auf die Spur eines mit Karbonpapier vervielfältigten Mitteilungsblattes „Aktuelle Verkehrsnachrichten", das von einer Leipziger Gruppe von Straßenbahnfreunden im Geheimen hergestellt wurde. Wenn man Pech hatte, erwischte man nur die achte Kopie, die kaum noch zu lesen war ... Herr Mensdorf stand auf der Versandliste, und nächtelang habe ich Wagenparkberichte von sämtlichen DDR-Betrieben abgeschrieben. Dabei wurde mir allmählich klar, wieviel Wagen von einem Betrieb zum anderen wechselten. Man kann sich in der heutigen Zeit mit ihrem reichen Angebot an Fachzeitschriften und Büchern einfach nicht mehr vorstellen, wie schwierig es damals war, an vernünftige Informationen heranzukommen. Erst mit der Veröffentlichung des siebenbändigen Sammelwerks „Straßenbahn-Archiv DDR“ unter Federführung von Dr. Gerhard Bauer in den achtziger Jahren wurden viele Geheimnisse für mich enthüllt!

Viel Mühe haben Verfasser und Verlag sich gegeben, die richtigen Straßennamen von damals (und wo möglich auch die heutigen) zu erwähnen. Wir wollten die Bahnen in ihrer damaligen Perspektive zeigen, deshalb wird jeweils kurzgefaßt auch etwas über den abgebildeten Wagentyp, die Reihen, Baujahre und Hersteller gesagt. Viele ostdeutsche Straßenbahnbetriebe waren sehr umnumerierungsfreudig und haben in den Jahren nach dem Krieg nicht weniger als viermal die Betriebsnummern ihres Wagenparks geändert. Auch kommen Umnumerierungen innerhalb einer Reihe vor. Es würde den Rahmen eines Bildbandes sprengen, auf alle diese Einzelheiten einzugehen. Wenn die Wagen 21-40 nach zehn Jahren die neue Reihe 401-418 bilden, sind inzwischen zweifellos zwei ausgemustert oder verkauft. Der Autor kann zählen, aber nicht alles in diesem Buch erklären. Sicherlich kommen auch Fehler vor: der Autor muss dreißig Straßenbahnbetriebe beschreiben, die er nur bei einer beschränkten Zahl von Besuchen gesehen hat - und das ist schon dreißig, teilweise fast vierzig Jahre her! Für mich als Verfasser ist der „gefährlichste“ Leser derjenige, der von einer Stadt (meistens der, in der er wohnt) alles weiß, aber über andere Betriebe nichts. Natürlich habe ich dann über diese Stadt alles falsch gemacht....

Dennoch habe ich mich bemüht, etwas mehr zu tun, als nur Datum, Straße und Wagennummer zu erwähnen. Wie man von LOWA-Wagen über Gotha-T57 und T2-62 auf Reko-Wagen kommt, welche Unterschiede typisch sind und wie die Verhältnisse zwischen den Betrieben waren, wird versucht klar zu machen. Der Zeitraum, aus dem die meisten und ältesten Bilder stammen, sind die Jahre 1966 - 1978. Spätere Bilder sollen den Gesamteindruck eines Betriebes vervollständigen oder den Bezug zu einem früheren Bild herstellen. Ein 1968 frisch abgelieferter Gotha-Zug in Halle wird zwanzig Jahre später nochmals gezeigt, als der Wagen dank der Luftverschmutzung fast durchgerostet ist und beinahe zusammenfällt. Als Ende des Zeitraumes der ausgewählten Aufnahmen ist die Wende 1989 zu betrachten. Was nachher mit den ostdeutschen Bahnen passierte, ist vielfach veröffentlicht oder vielleicht von den Lesern selbst fotografiert worden. Was man damals verpasst hat - weil man noch zu jung war, Westdeutscher war, der bis in die achtziger Jahre überhaupt keine Chance hatte, in die DDR zu fahren, zu weit weg wohnte oder schlichtweg Angst hatte, hinter den „Eisernen Vorhang“ zu reisen -, kann man in diesem Buch ein wenig nacherleben. Ich wünsche dabei viel Spaß und (in positivem Sinne) nostalgische Stunden!

Damit der Betrachter eine genauere Vorstellung hat, wo die Bilder entstanden sind, ist jedem Kapitel eine Liniennetzkarte beigefügt. Darin ist jeweils der Standpunkt des Fotografen angegeben - wieder mit der Einschränkung, dass er sich noch richtig an die Stelle erinnert . . . Die Richtung des Pfeils ist meistens identisch mit der Richtung, in der das Bild „geschossen“ wurde; von dieser Regel musste in wenigen Fällen aus Platzgründen abgewichen werden. Neben den eigenen Fotos des Verfassers wurde die Bildauswahl ergänzt um Aufnahmen von Ap Everaarts (Amsterdam), Jan Jaap Carels (Amsterdam) und Marco Moerland (Schiedam). Letzterer stellte auch verschiedene Fahrkarten aus seiner reichen Sammlung zur Verfügung; bei diesen Abbildungen sollte der Leser nicht bei der Währung „DM“ stutzig werden - bis weit in die sechziger Jahre hinein wurde diese Abkürzung auch in der DDR für die dort gültige Mark verwendet!

Für das Durchlesen der Bildunterschriften, lokale Ortsbestimmungen und weitere Einzelheiten zu verschiedenen Bildern dankt der Autor den örtlichen „sachverständigen“ Straßenbahnfreunden:

- Matthias Arndt in Dresden,
- Vater und Sohn Joachim Kubig in Berlin,
- Joachim Mensdorf in Plauen,
- Henry Meyer in Schwerin,
- Wilfried Wolf in Leipzig und
- Andreas Riedel in Wiesbaden für das Görlitzer Kapitel.

Für das „Scannen“ der 30 bis 40 Jahre alten Bilder dankt der Autor dem Verlag: manche Bilder im Buch sind besser als die Original-Dias, die bis 1984 mit einer Isolette 2-Kamera auf Agfa 6 x 6-Umkehrfilmen gemacht wurden, später gelegentlich mit einer Fuji 4½ x 6-Spiegelreflex-Kamera.

Bei der Erstellung der Texte habe ich u.a. auf folgende Quellen zurückgegriffen:

- Straßenbahn-Archiv DDR, Teile 1 - 7,
  Transpress-Verlag bzw. Verlag Ingrid Zeunert 1983-1989
- Joachim Mensdorf und Klaus Reichenbach,
  75 Jahre Straßenbahn Plauen - 1969
- Joachim Mensdorf und Klaus Reichenbach,
  100 Jahre Straßenbahn Plauen - 1994
- Dr. Gerhard Bauer, Norbert Kuschinski, Die Straßenbahnen in Ostdeutschland, Bände 1 - 3, Schweers + Wall 1993-1995
- Frits van der Gragt, Moderne Straßenbahnen, Alba-Verlag 1972
- Rekowagen, Denkmalpflege-Verein Nahverkehr Berlin e.V., 1996
- Heiner Matthes, Straßenbahnen in Karl-Marx-Stadt,
  Transpress-Verlag 1984
- 125 Jahre Straßenbahnen in Berlin, Alba-Verlag 1990
- Autorenteam, Vom Zweispänner zur Stadtbahn,
  Leipziger Verkehrsbetriebe 1991
- Miroslav Grisa, Die Straßenbahnwagen der Bauart Tatra,
  Verlag Pospischil 1992
- Bodo-Lutz Schmidt,100 Jahre elektrisch durch Halle,
  Hallesche Verkehrs-AG 1996
- Reiner Bimmermann u.a., Naumburg und seine Straßenbahn,
  Schweers + Wall
- Andreas Riedel, Chronik der Görlitzer Straßenbahn,
  Schweers + Wall 1997
- Klaus Günther, Magdeburger Straßenbahnen, Schweers + Wall 1999
- Straßenbahnatlas Deutschland,
  Arbeitsgemeinschaft Blickpunkt Straßenbahn e.V. 1992 und 1996
- Tramgeschichte(n) rund um den Alex,
  Denkmalpflege-Verein Nahverkehr Berlin e.V., 1999

Amsterdam, im September 2002

Frits van der Gragt

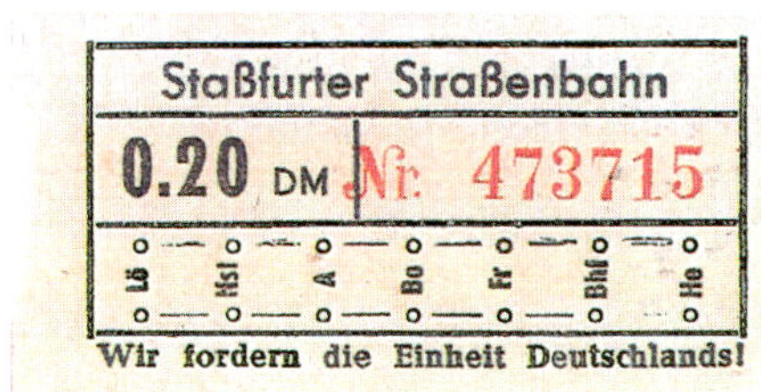

Standardisierte Straßenbahnwagen der DDR

Aufbauwagen

Dieses Buch zeigt vor allem die um 1966 noch überall fahrenden Vorkriegswagen. Wie in der Bundesrepublik wurden ab 1948 auch von der Waggonfabrik Werdau in Ammendorf bei Halle kleine Stückzahlen von sog. Aufbau-Wagen hergestellt - neue Wagenkästen auf Fahrgestellen und mit der elektrischen Ausrüstung kriegszerstörter Wagen. Insgesamt wurden 1950-51 21 Triebwagen und 15 Beiwagen dieses „Aufbau"-Typs von Werdau gebaut. Die Triebwagen gingen nach Magdeburg (8), Karl-Marx-Stadt (8) und Dessau (5), die Beiwagen nach Magdeburg (15).

Auch die Gothaer Waggonfabrik baute Aufbau-Wagenkästen auf vorhandene Fahrgestelle, jedoch nur in geringen Stückzahlen. Die auffälligsten Triebwagen dieser Art waren die acht schmalen Triebwagen für Naumburg, die auf Leipziger Triebwagen von 1913 aufgebaut wurden. Aus der gleichen Leipziger Reihe produzierte Werdau für Rostock fünf Aufbau-Triebwagen.

Für Rostock entstanden bei der Waggonfabik Wismar drei „Niederflurwagen" eines Typs, den dieser Hersteller schon 1940-42 nach Rostock geliefert hatte. In verschiedenen Städten kamen auch Einzelstücke örtlicher Bauarten in Betrieb. Die 40 Beiwagen von Werdau, die 1952-53 für Berlin gebaut wurden, kann man ebenfalls noch als „Aufbau-Wagen" ansehen, diese blieben jedoch nicht lange im Einsatz und wurden schon 1965 mit neuen „Reko"-Wagenkästen versehen.

Cottbus war 1967 die erste Stadt in der DDR, wo keine Vorkriegsstraßenbahnen mehr fuhren. Die letzten Vorkriegswagen waren die Leipziger „Pullmann"-Triebwagen von 1925 (letztes Einsatzjahr 1987) und die Gotha-Triebwagen von 1938-42 bei der Kirnitzschtalbahn (ex Erfurt) bis 1995.

LOWA-Wagen

Erst 1950 kam die Produktion der ersten standardisierten Neubau-Straßenbahnwagen in Gang. Zunächst wurden nur Beiwagen gebaut, weil die Lieferung von Motoren und elektrischer Ausrüstung noch nicht möglich war. Die Waggonfabrik Werdau in Ammendorf lieferte den neuen Wagentyp unter der Bezeichnung „LOWA" (= Lokomotiv und Waggonbau). Die ersten Beiwagen des Typs EB50 wurden in Berlin, Potsdam und Rostock 1950 in Betrieb genommen. Der erste bauartgleiche Triebwagen (Typ ET50) war für Leipzig bestimmt und wurde 1951 auf der Leipziger Messe als Triebwagen 1601 ausgestellt.

Bald übernahm auch die Waggonfabrik Gotha den Bau von LOWA-Wagen und wurde ab 1954, als Werdau sich auf die Herstellung von Lastkraftwagen beschränkte (es gab dann auch Omnibusanhänger Typ „LOWA"!), zum einzigen Straßenbahnproduzenten der DDR. Die LOWA-Wagen wurden etwas überarbeitet und nun als Typ ET54 bzw. EB54 geliefert. Zwischen 1950 und 1956 wurden insgesamt 149 Triebwagen und 321 Beiwagen der LOWA-Typen ET/EB50 bzw. ET/EB 54 für die DDR-Betriebe produziert. Daneben gab es auch einen beschränkten Export in die UdSSR und Polen (nur Beiwagen für Stettin).

LOWA-ET50-Triebwagen 20 und 21 in Naumburg.

Äußerlich sahen die etwas bulligen, 10,5 m langen LOWA-Wagen mit ihren leicht gewölbten Seitenflächen nicht schlecht aus, die verwendeten Materialien waren jedoch der Grund dafür, dass viele Wagen verhältnismäßig früh ausgemustert wurden - viele standen „nur" 20 Jahre im Betrieb. Die Fahreigenschaften waren mäßig, jedoch für Zweiachser nicht ausgesprochen schlecht.

Für einige Betriebe wie Leipzig wurden die LOWAs als Einrichtungswagen mit einigen zusätzlichen Sitzplätzen geliefert. Ab 1952 erhielten die Wagen eine 12 Volt-Kleinspannungsausrüstung, mit der die Plattformtüren und Scheibenwischer bedient werden konnten. Für Berlin wurde 1952 ein vierachsiger „Großraumzug" mit einer Wagenbreite von 2,50 Meter geliefert. Es blieb bei diesem Prototyp, zu einem Serienbau kam es nicht. Typisch für die Nachkriegsproktion in sämtlichen Ostblockstaaten war die abgeschlossene Fahrerkabine, die seitdem Standard wurde in der DDR.

Als ab 1970 nur noch zweiachsige „Reko-Wagen" lieferbar waren, zogen verschiedene Betriebe, wie z.B. Gera, die Modernisierung ihrer LOWA-Wagen der Beschaffung von Reko-Wagen mit ihren dürftigen Fahreigenschaften vor. Die LOWAs blieben so noch bis in die achtziger Jahre im Einsatz. Der letzte LOWA-Triebwagen fuhr in Halberstadt, der letzte Beiwagen in Brandenburg bis 1989. Einige wurden in den Museumsbestand verschiedener Betriebe aufgenommen.

Gotha-Wagen

Noch während der Produktion der LOWA-Wagen baute Gotha 1954-55 zwei Prototyp-Triebwagen mit einer veränderten Karosserie: zwei Wagen mit vier Fenstern, aber geänderten Plattformen (Tw 38-39) und drei Wagen mit drei Fenstern (Tw 40-42). Der zweite Typ wurde zum Ausgangspunkt für einen neuen Standardwagentyp.

Ab 1957 kam ein verbesserter formschöner, 10,9 m langer Zweiachser bei den Straßenbahnbetrieben in der DDR in Betrieb, der auf den von Gotha 1938-42 an Erfurt gelieferten Triebwagen basiert. Die ersten Wagen wurden als Typ T57 bzw. B57 bezeichnet und konnten auch als Einrichtungswagen beschafft werden. Ab 1960 wurden nur noch Einrichtungswagen mit etwas größerer Fahrerkabine geliefert, sie wurden als T/B 2-61 bezeichnet. 1962 erschien die Bauart T2-62 mit Unterflurfahrschalter, der über ein Lenkrad, wie es in den Wartburg-PKWs verwendet wurde, zu bedienen ist. Schließlich ging eine etwas vereinfachte Ausführung ohne Zierleisten usw. als Typ T/B2-64 in Produktion.

Marco Moerland

Die Fahreigenschaften waren bedeutend besser als die der LOWA-Wagen. Als Standardkupplung wurde eine automatische Scharfenberg-Kupplung geliefert, manche Betriebe bevorzugten jedoch die Albert-Kupplung, um damit die neuen Wagen auch mit älteren Fahrzeugen kuppeln zu können. Als Bordnetz diente jetzt eine 24 Volt-Niederspannungsausrüstung.

Im Rahmen des Comecon-Vertrags zwischen den Ostblockstaaten wurde 1965 beschlossen, dass die DDR ab 1967 keine eigenen Straßenbahnen mehr bauen durfte. Die Produktion von Straßenbahnen wurde der CSSR mit ihrem Hersteller CKD Praha vorbehalten, die ausschließlich vierachsige Tatra-Wagen liefern sollte. Da diese Großraumwagen für manche kleine DDR-Betriebe ungeeignet waren, kam ein Vertrag zustande, wonach CKD ab August 1967 noch ein Jahr lang eine beschränkte Zahl von Gotha-Wagen bauen sollte. Als Typ T/B2 wurden so nochmals 117 Triebwagen und 116 Beiwagen geliefert, davon ein großer Teil an die Industriestadt Halle. Trotz aller Verträge baute auch die Waggonfabrik Gotha, die 1967 in „Wärme und Kühl-Anlagen Gotha" umfirmierte, 1969 noch 19 Beiwagen des Typs B2-64 auf der Basis „noch vorhandener Ersatzteile".

Nachdem 1960 die Produktion von Zweirichtungswagen abgeschlossen worden war, entstand bald ein Markt für gebrauchte Straßenbahnen. Als die Lieferung von vierachsigen Tatra-Wagen an die Großstäde anlief, wurden hun-

Gotha-Zug aus Triebwagen 77 und Beiwagen 20 in Plauen.

derte von zweiachsigen Gotha-Wagen zwischen den Betrieben untereinander verschoben. Insgesamt dürften von der Waggonfabrik Gotha zwischen 1957 und 1969 (sowie von CKD 1968) nicht weniger als 445 Triebwagen und 747 Beiwagen des Typs „Gotha“ hergestellt worden sein, dazu kommen noch Exportaufträge mit rund 700 Trieb- und Beiwagen wagenfür die UdSSR, wo in mindestens 10 Städten Gotha-Wagen gelaufen sind. So kann man mit einer Gesamt-Produktion von rund 1150 Triebwagen und 1500 Beiwagen rechnen!

Die Gotha-Wagen bestimmten ab 1966 das Bild bei den Straßenbahnbetrieben in der DDR, wo sie mit ihrer verhältnismäßig unkomplizierten Bauart unter den damaligen Umständen sehr gute Dienste geleistet haben. Zum Zeitpunkt, da dieses Buch veröffentlicht wird, verkehren Gothazüge noch in Jena, Woltersdorf und auf der Kirnitzschtalbahn, gelegentlich auch auf der Museumsbahn in Naumburg und als Kinderzüge in Dresden, während zahlreiche weitere Wagen als historische Fahrzeuge erhalten geblieben sind.

Reko-Wagen

Als der größte Straßenbahnbetrieb der DDR, Berlin, 1959 zehn Gotha-T/B57-Dreiwagenzüge erhielt, war der Bedarf an Neubauwagen tatsächlich um ein Vielfaches größer. Um den Mangel zu beheben, wurde beschlossen, in Berlin Vorkriegswagen aus den Jahren 1924-33 mit einem neuen Wagenkasten des Gothaer Typs zu versehen - oder zu „rekonstruieren“. Dieser Ausdruck war im offiziellen DDR-Jargon sehr beliebt, man verstand darunter alle möglichen Umbauten von Straßenbahnen, Lokomotiven usw., die bis hin zu Fast-Neubauten gingen. Mit dem faulen Trick einer „Rekonstruktion“ ließ sich ab 1967 auch der Comecon-Vertrag elegant umgehen, der den Neubau von Straßenbahnwagen in der DDR untersagte.

Weil die BVG Ost durch die Teilung Berlins nicht mehr über eine eigene Straßenbahnwerkstatt verfügte, wurde das Reichsbahnausbesserungswerk in Berlin-Schöneweide damit beauftragt, 165 Triebwagen und 255 Beiwagen zu „rekonstruieren“. Diese Umbauten wurden von 1959 bis 1963 ausgeführt. Der Bedarf ging aber über diese Zahlen noch hinaus, und so wurden 1964-69 nochmals 107 Triebwagen und 86 Beiwagen hergestellt.

Bei der „Rekonstruktion“ wurden nur Motoren, Achslager, Räder und Kupplungen wiederverwendet, vor allem bei den späteren Reihen, die auf vierachsigen Beiwagen oder älteren Fahrzeugen basierten - im Prinzip handelte es sich also tatsächlich um Neubauten. Im Gegensatz zu den Gotha-Wagen hatten die 10,7 Meter langen „Reko-Wagen“ keine gesonderten Fahrgestelle. Statt dessen waren, wie damals bei den Berliner T/B24-Wagen üblich, die Achslager mit Federn direkt am Wagenkasten aufgehängt, was zu sehr schlechten Fahreigenschaften führte. Auch der Wagenkasten selbst unterschied sich von den Gothawagen: die Seitenwände erhielten vier statt drei Fenster und schmale Einzelschiebetüren, die von den Fahrgästen selbst geöffnet werden mussten und damit die Haltestellen-Aufenthalte bedeutend verlängerten. Der Wagenboden lag infolge der Achsbefestigung höher als bei den Gotha-Wagen und war über eine zusätzliche Stufe zu erreichen. Sämtliche „Reko-Wagen“ wurden als Einrichtungswagen ausgeführt. Erst in der Endphase der Produktion kam es 1969/70 für die Köpenicker Linie 84, die an beiden Enden keine Schleifen hat und darum noch lange mit Vorkriegswagen befahren wurde, zu einem Auftrag über 25 Triebwagen und 50 Beiwagen in Zweirichtungsausführung. Beide Wagentypen verkehrten zuletzt auf den Pankower Linien 52 und 53 bis 1995 sowie auf der Köpenicker Linie 68 bis 1996.

Dreiteiliger Reko-Zug in Berlin: Triebwagen 3955 mit Beiwagen 1833 und 1840.

Auch nach der Einstellung der Fertigung von Gothawagen hatten mehrere kleinere Betriebe noch Bedarf an weiteren zweiachsigen Wagen. Daher „rekonstruierte“ das RAW Schöneweide 1970-75 nochmals 56 Triebwagen und 149 Beiwagen, die in Wahrheit komplette Neubauten waren. Das einzige Originalteil an diesen „Reko“-Fahrzeugen war die Wagennummer.... Damit der Schein gewahrt wurde, lieferten die Betriebe für jeden Neubau einen Altwagen nach Schöneweide. Insgesamt 31 Triebwagen und 110 Beiwagen waren für Einrichtungsverkehr konzipiert (Typ TE bzw. BE 70), der Rest für Zweirichtungsverkehr (TZ / BZ 70). Die nicht sonderlich beliebten Reko-Wagen wurden oft noch vor den älteren Gothawagen ausgemustert. Die letzten Vertreter fahren beim Erscheinen dieses Buches noch in Jena und gelegentlich im Pendelverkehr in Schöneiche.

Gotha-Gelenkwagen

Verschiedene westdeutsche Straßenbahnbetriebe, z. B. Kassel, Dortmund und Duisburg, stellten vierachsige Gelenkwagen in Dienst, um Schaffner einzusparen. Nach diesem Vorbild baute auch Gotha 1959 einen solchen Gelenkwagen auf Basis des Gotha-Typs T57 für Erfurt. 1960 folgte ein weiterer für Dresden, der mit einer vorhandenen halbautomatischen Druckknopfsteuerung eines Hechtwagens ausgerüstet wurde. Dieser Wagentyp hatte zweifellos einen günstigeren Personalwirkungsgrad und auch bessere Fahreigenschaften als die zweiachsigen Gothawagen.

Als Typ G4 wurden 1961-67 insgesamt 218 Gelenkwagen der Erfurter Ausführung mit Unterflur-Fahrschalter und Wartburg-Lenkrad gebaut, von Fachleuten gern als „Zwei Zimmer mit Bad“ bezeichnet. Davon gingen 39 nach Erfurt, 16 nach Gotha, 118 nach Leipzig, zwei nach Magdeburg, 20 nach Potsdam und 21 nach Rostock. Die beiden Magdeburger Wagen wurden 1968 an Leipzig weitergegeben, wo die weitaus größte Stückzahl dieses Wagentyps im Einsatz war. Nach der Ausmusterung in Leipzig wanderten noch 15 Wagen nach Rostock, sechs nach Potsdam und zwei nach Nordhausen; weitere 17 Wagen erhielt Nordhausen aus Erfurt. Ein Wagen aus Gotha ist jetzt Stadtrundfahrtwagen in Erfurt, ein weiterer ist im Besitz der Museumsstraßenbahn in Naumburg. Auch Export-Aufträge aus der UdSSR gab es für die G4, so liefen diese Wagen in Lwov (Lemberg) und Tallinn, ein Wagen kam sogar nach Wolgograd.

G4-Gelenkwagen 1146 in Leipzig.

Gotha-Großraumwagen

Im Jahre 1959 lieferte Gotha den Protyp eines Großraumzuges, bestehend aus einem vierachsigen Triebwagen und einem weitgehend baugleichen Beiwagen. Dieser Zug wurde zwei Jahre lang in der Hauptstadt der DDR getestet. Die Bauart war, obwohl auf dem Gotha-Zweiachser basierend, unverkennbar inspiriert von den westdeutschen Düwag-Wagen. Die Verwandtschaft wird noch deutlicher bei den Wagen der Serienproduktion, die 1962-64 als T4-62 bzw. B4-61 nicht nur nach Berlin, sondern auch nach Dresden und Magdeburg geliefert wurden (65 Triebwagen, 121 Beiwagen). In Berlin war damals vorgesehen, diese Großraumzüge in großen Stückzahlen einzuführen, aber der Comecon-Beschluss über die Einstellung der Straßenbahnproduktion in der DDR ließ diese Pläne scheitern. Berlin erhielt zunächst 32 Triebwagen und 88 Beiwagen, im Zuge einer „Typenbereinigung“ wurden aber 1968-70 auch die 33 Züge aus Dresden und Magdeburg in die Hauptstadt umgesetzt.

Berliner Großraumzug, bereits mit Computer-Nummer 218 029 und orange Lackierung.

Tatrawagen Typ T3D/T4D und B3D/B4D

Am 10. Juli 1965 wurde im Rahmen des Comecon beschlossen, dass ab 1967 neue Straßenbahnwagen nur noch von den CKD-Werken in Prag geliefert werden sollten und die DDR die Straßenbahnproduktion einzustellen hatte. CKD baute bereits seit 1960 einen äußerst gelungenen Nachfolger der amerikanischen PCC-Wagen als Tatra-Typ T3. Ende 1964 kamen drei dieser Wagen nach Dresden zum Test, die Triebwagen 6401, 6402 und 6405 der Prager Verkehrsbetriebe. Die Probefahrten waren ein Erfolg, nur zeigte es sich, dass das Umgrenzungsprofil an das DDR-Maß anzupassen und die Wagenbreite auf 2,20 Meter zu beschränken war. Außerdem wurde für die DDR-Betriebe gefordert, das Fahren mit Beiwagen bzw. die Bildung von Großzügen (Tw + Tw + Bw) zu ermöglichen. 1967 kam ein Prototyp als erster Tatra-Wagen der DDR nach Dresden. Die Bauart wurde als T4D (D=Deutschland) bezeichnet. Nach der Erprobung wurden Ende 1968 die ersten Serienwagen nach Dresden und Leipzig geliefert. Gleichzeitig erhielt Karl-Marx-Stadt die ersten Wagen, allerdings mit einer Wagenbreite von 2,50 m, bezeichnet als T3D.

Für die DDR wurden insgesamt 1766 Triebwagen Typ T4D und 789 Beiwagen Typ B4D gebaut. Dazu kommen noch die 2,50 Meter breiten T3D und B3D in

Magdeburger T4D-Großzug mit Triebwagen 1039 an der Spitze.

Karl-Marx-Stadt und Schwerin: 267 Triebwagen und 132 Beiwagen. Insgesamt wurden an die DDR geliefert: 2957 vierachsige Tatra-Wagen (Trieb- und Beiwagen) in genau 20 Jahren zwischen 1969 und 1988. Die Zahl der Wagen für die DDR-Betriebe war immer ziemlich reichlich bemessen, weil das Lieferwerk nie Ersatzteile lieferte und man immer mit einer entsprechend riesigen Wagenreserve rechnete. Zu DDR-Zeiten war es nicht unüblich, dass die Großnetze etwa 40 % Reserve hatten! Nach der Wende wurden die Fahrzeugbestände entsprechend verkleinert. Die verbliebenen Fahrzeuge wurden fast überall modernisiert, wobei man oft die Strom fressenden Acceleratoren (= Beschleuniger) durch Thyristoren ersetzte. T4-Wagen mit 2,20 Meter Breite wurden auch an meterspurige Betriebe in der UdSSR, Rumänien und Jugoslawien geliefert.

Insgesamt hat CKD an die ganze kommunistische Welt fast 17.000 T3- (und T4D-) Triebwagen geliefert, davon fast 12.000 an die UdSSR, außerdem noch fast 900 Beiwagen. Damit ist dieser Wagentyp der meist gebaute Straßenbahnwagen der Welt und übertrifft noch die Stückzahlen des KTM5 aus der Waggonfabrik in Ust Katov im Ural, von dem etwa 14.000 Wagen für die UdSSR gebaut worden sein sollen.

Tatra-Kurzgelenkwagen Typ KT4D

Für die kleineren, vor allem meterspurigen Straßenbahnbetriebe in der DDR entwarfen die CKD-Tatrawerke nach dem T4D-Vierachser 1970 einen vierachsigen, 2,20 m breiten Kurzgelenktriebwagen auf zwei Drehgestellen nach Bremer Vorbild. Die ersten beiden Prototypen 8001-8002 wurden 1972 in normalspuriger Ausführung gebaut und bis 1974 auf dem Prager Straßenbahnnetz getestet. In Dezember 1974 kamen beide Wagen nach Potsdam, um bis September 1975 als 001 und 002 auch hier ausgiebig erprobt zu werden. Obwohl viele Teile und der Antrieb von den vierachsigen T3D- und T4D-Triebwagen stammten, waren die gesickten Seitenbleche etwas Neues.

Nach den Prototypen erschien 1975/76 eine Null-Serie von 35 Wagen, die als Vorläufer einer Großserie auf die Betriebe Leipzig (8), Berlin (3), Erfurt (20), Plauen (2) und Lwov (früher Lemberg) in der Ukraine (2) verteilt wurden. Ab 1977 lief die eigentliche Serienproduktion an, wobei die Mehrzahl an die regelspurige Straßenbahn in Berlin geliefert wurde. Der zweite Normalspurbetrieb mit diesen Kurzgelenkwagen war Potsdam; sämtliche anderen Fahrzeuge waren meterspurig. In den Jahren 1974-1990 wurden insgesamt 1042 KT4D-Gelenkwagen an DDR-Betriebe geliefert, davon allein 574 an Berlin. Auch an die UdSSR wurden 415 Wagen für meterspurige Betriebe geliefert, Belgrad in Serbien erhielt 240 Exemplare, 51 gingen nach Zagreb (Kroatien).

KT4D-Doppelzug der Thüringerwaldbahn.

Ähnlich den Typen T3D/T4D ist auch der KT4D für die Bildung von Zwei- oder sogar Dreiwagenzügen ausgelegt, in diesem Falle mit drei Triebwagen in Mehrfachtraktion, da es keine entsprechende Beiwagen-Bauart gibt. Von der Möglichkeit der Dreifachtraktion mit einer Gesamtlänge von über 57 m macht aber regelmäßig nur Erfurt Gebrauch. Eine kurze Zeit lang, unmittelbar vor der Wende, waren solche Garnituren auch in Cottbus zu sehen.

Viele KT4D-Wagen verkehren bis heute in kleineren Städten der neuen Bundesländer, und manche werden noch 15 Jahre und länger im Betrieb bleiben. Auch in Berlin, der KT4D-Hochburg, prägen sie noch auf vielen Linien das Bild. Allerdings wurde der Bestand hier nach der Wende stark reduziert. Im Dienst bleiben vorerst die 171 nach der Wende modernisierten Fahrzeuge sowie die 1983 bereits ab Werk mit Thyristorsteuerung ausgelieferten Wagen (99 Stück).

Die Anzahl der Bilder von Tatra-T/B4D-Wagen und KT4D-Gelenkwagen wurde in diesem Buch bewußt eingeschränkt, in der Regel auf ein Foto des Ablieferungszustandes. Auf die T/B6D-Wagen wurde ganz verzichtet, weil diese den Zeitrahmen dieses Buches von 1966 bis etwa 1980 sprengen würden.

Berlin

Die typischen Berliner Mietskasernen, in den Nachkriegsjahren stark vernachlässigt, bilden den Hintergrund dieser Aufnahme vom 16. Mai 1966. Auf der breiten Prenzlauer Allee fährt der Maximum-Vierachser 5400 mit dem moderneren vierachsigen Beiwagen 1522 auf der Linie 71 von Heinersdorf Richtung Jannowitzbrücke. 1

Die vierachsigen „Maximum-Wagen“ hatten Drehgestelle mit einer angetriebenen Achse mit normal großen Rädern und einer nicht angetriebenen Laufachse mit kleinen Rädern. Auf jeder Triebachse saß ein großer Motor. Diese aus der USA kommenden Konstruktion, dort „maximum traction“ genannt, gab den Wagen eine große Laufruhe, obwohl die Geschwindigkeit durch die Verwendung von nur zwei Motoren beschränkt war. In Berlin gab es von diesen Wagen vier Ausführungen mit unterschiedlicher Zahl und Anordnung der Seitenfenster. Die achtfenstrigen Wagen wurden zwischen 1908 und 1919 von Falkenried, Hamburg, und Linke-Hofmann, Breslau, für die Straßenbahnen der Stadt Berlin und die Berliner Elektrische Straßenbahn gebaut. Bei der Bildung der Berliner Straßenbahn, die die meisten örtlichen und privaten Straßenbahnbetriebe 1920 vereinigte und ihren Nachfolgern, der Berliner Straßenbahn-Betriebs-GmbH bzw. Berliner Verkehrs-Gesellschaft, wurde der ganze Wagenpark umnumeriert. Die SSB-Maximumwagen bildeten den Typ TD 08 (D=Drehgestell), Reihe 5315-5437, der bis nach dem Zweiten Weltkrieg noch auf den bedeutenderen Linien im Einsatz war. Nach der Teilung Berlins kamen 48 Triebwagen zur BVG-Ost, wo sie 1951-1958 leicht „modernisiert“ wurden: sie erhielten ein Tonnendach anstelle des bisherigen Laternendaches sowie Schiebetüren und Fahrersitz. Zuletzt fuhren sie noch auf zwei Linien ohne Wendeschleifen: der Linie 71 und der Köpenicker Linie 84. Ihr Einsatz dauerte bis Dezember 1969 - damit erreichten sie das eindrucksvolle Alter von 60 Jahren, auch für Straßenbahnwagen sicher bemerkenswert. Zwei Maximumwagen blieben museal erhalten: 5366 (als Städt. Straßenbahnen 68) und 5403.

Die vierachsigen Beiwagen des Typs BDM 26, Reihe 1501-1550, wurden 1928/29 von Orenstein & Koppel gebaut und gehörten zu den modernsten Wagen der Vorkriegszeit. Ihre Laufeigenschaften waren legendär, vor allem als sie in den dreißiger Jahren mit gummigefederten Radsätzen ausgestattet wurden. Nach der Spaltung der BVG kamen 15 dieser Wagen zur BVG-Ost, wo sie 1966 - kurz nach Entstehen des Fotos - aus dem Verkehr ausschieden. Wagen 1525 wurde zum Museumsfahrzeug.

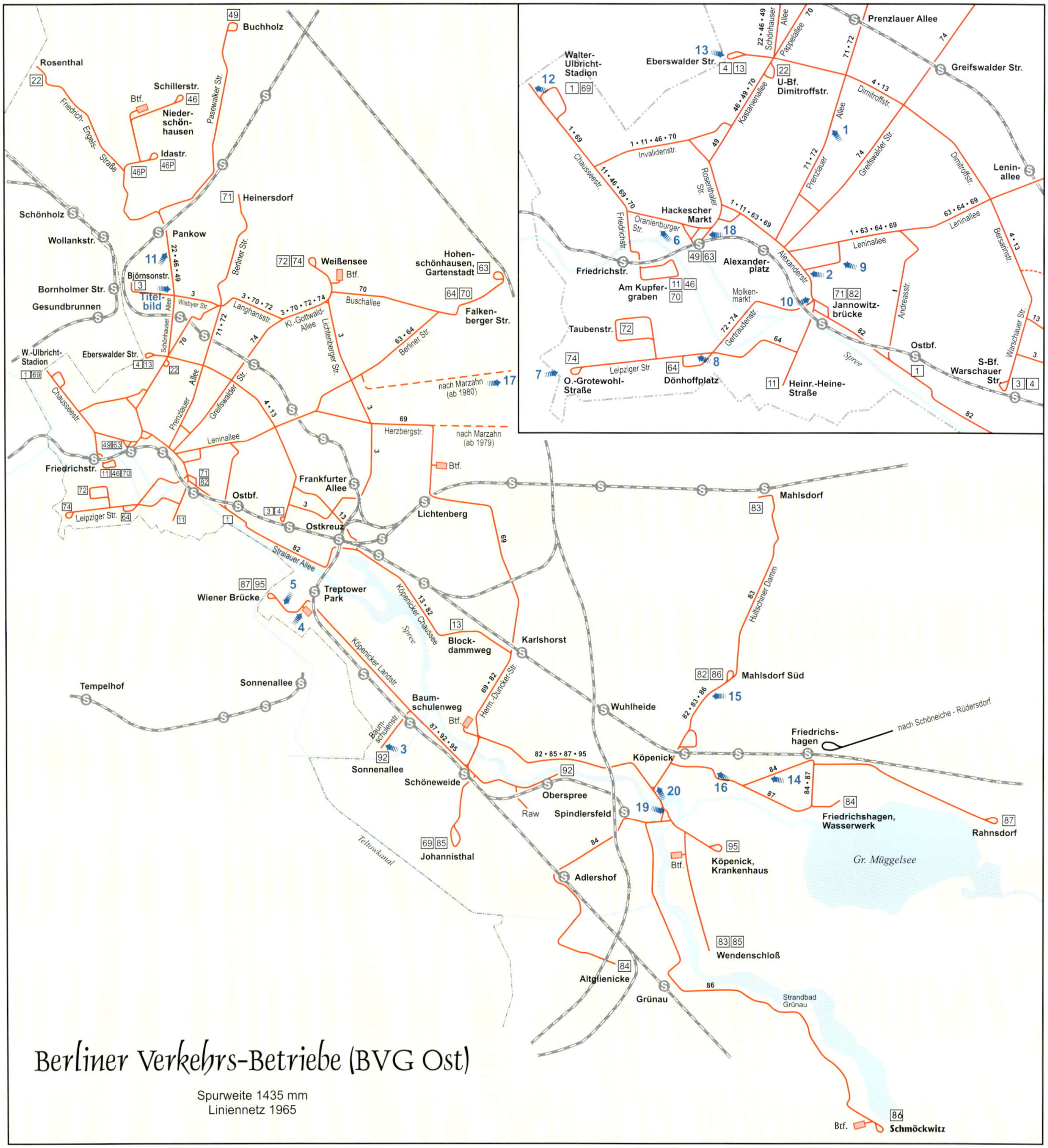

Berliner Verkehrs-Betriebe (BVG Ost)

Spurweite 1435 mm
Liniennetz 1965

Schon im 15. Jahrhundert war Berlin Residenzstadt der Hohenzollern, 1709 wurde es zur Königlichen Haupt- und Residenzstadt Preußens. Mit dem Bau der ersten Eisenbahnen entwickelte sich Berlin bald zum Mittelpunkt des preußischen Verkehrsnetzes und zur wichtigsten Industrie- und Handelsstadt. 1871 mit der Gründung des Deutschen Reiches wurde Berlin Reichshauptstadt. Lange bestand Berlin aus über 90 selbständigen Städten, Gemeinden und Gutsbezirken. Erst 1920 schlossen sich diese zur Gemeinde Groß-Berlin zusammen.

Die Folgen des Zweiten Weltkriegs sind bekannt: die Stadt wurde unter Aufsicht der Siegermächte gestellt und in vier Sektoren gegliedert. Bereits 1948 begann de facto die Teilung der Stadt in die drei Westsektoren und den sowjetischen Ostsektor mit jeweils eigener Währung und Verwaltung. Die DDR wurde 1949 gegründet und erklärte (Ost-)Berlin zur Hauptstadt.

Bereits 1865 fuhr die erste Straßenbahn in Berlin, natürlich noch mit Pferdebespannung. Sie war gleichzeitig die erste Pferdebahn Deutschlands. Die weitere Entwicklung ist kompliziert: rund 40 unabhängige Straßenbahngesellschaften entstanden nach und nach im Gebiet des heutigen Berlin, teilweise mit Dampfbetrieb, ab 1899 auch elektrisch. Erst mit der Gründung Groß-Berlins 1920 nahm auch die Zersplitterung der Straßenbahnbetriebe ein Ende, die meisten gingen in der „Berliner Straßenbahn" auf, aus der 1929 die BVG wurde. Vor dem Zweiten Weltkrieg gehörte Berlin zusammen mit Wien zu den größten Straßenbahnbetrieben Europas. Fast 4000 Wagen befuhren ein Netz von über 300 km Länge mit etwa 90 Linien.

1949 wurde die BVG verwaltungsmäßig getrennt. Im Ostteil der Stadt nahmen die „Berliner Verkehrs-Betriebe (BVG - demokratischer Sektor)" ihre Tätigkeit auf, seit 1968 „VEB Kombinat Berliner Verkehrsbetriebe (BVB)". Anfang 1953 wurden die letzten durchgehenden Linien an den Sektorengrenzen unterbrochen, und beide Teilbetriebe nahmen jeweils ihre eigene Entwicklung. In West-Berlin wurde die Straßenbahn in den folgenden Jahren gezielt Stück für Stück stillgelegt. Als der Autor 1964 zum ersten Mal Ost-Berlin besuchte, hatte die Straßenbahn im Westteil noch eine Gnadenfrist von drei Jahren. Im Osten blieb dagegen auch nach der Teilung ein eindrucksvoller Betrieb von 173 km Länge mit 24 Linien erhalten, auf denen mehr als 1000 Wagen verkehrten. Damit gehört Berlin, zusammen mit Leipzig und Dresden, heute noch zu den 15 größten Straßenbahnnetzen der Welt.

Ein Straßenbahnwagen, wie er für Berlin viele Jahre charakteristisch war, vor der Kulisse der sozialistischen Architektur: Triebwagen 3529 des Mitteleinstiegstyps aus dem Jahre 1927. Das Bild entstand am 25. September 1964 in der Alexanderstraße, Ecke Jakobystraße, wo die erstgenannte Straße eine breite Verkehrsschneise anstelle der früheren schmalen Straßen aus der Vorkriegszeit bildete. Der Triebwagen fährt auf der Linie 1, die 1964 den Ostbahnhof mit der Hannoverschen Straße verband. Sozialistische Werbung auf dem Wagendach war übrigens in den sechziger Jahren in vielen ostdeutschen Städten üblich.

Von dieser Bauart wurden für die Berliner Verkehrs-Gesellschaft nicht weniger als 300 Stück als Reihe 3301–3600 gebaut. Sie waren meistens als Zweiwagenzüge im Einsatz, verkehrten aber auch einzeln oder sogar als Dreiwagenzüge, bestehend aus zwei Triebwagen und einem Beiwagen. Die Fahrzeuge waren dafür anfangs mit Schützensteuerung ausgerüstet. Die Schützen wurden mit Fahrstrom gesteuert, bei Abspringen der Kontaktrolle waren die Bremsen elektrisch wirkungslos, was zu häufigen Unfällen führte. Daher wurde die ganze Serie 1931 aus dem Betrieb zurückgezogen. Erst zwei Jahre später wurde die elektrische Ausrüstung umgebaut, wobei drei verschiedene Ausführungen entstanden. Die Wagen 3401-3594 (gebaut von Christoph & Unmack in Niesky) wurden zum Typ TM 36 (M = Mitteleinstieg); sie **2**
erhielten eine AEG-Zweifachsteuerung und eine dadurch abweichende Dachverkleidung. Zwischen 1936 und 1938 gingen sie wieder in Betrieb und verkehrten meistens als Zweiwagenzüge. Nach der Spaltung Berlins und dadurch auch der BVG kamen 1952 40 Wagen in den Ostteil zur BVG-Ost. Hier wurden sie in den folgenden Jahren auf Einfachsteuerung umgerüstet und mit Beiwagen anderer Typen eingesetzt. Die letzten TM 36 fuhren in Ostberlin bis 1969. Die Wagen 3493 und 3566 wurden zu Museumswagen, Wagen 3434 verkehrt heute auf der Museumslinie in Amsterdam.

3

Nochmals ein Mitteleinstiegs-Triebwagen, diesmal Wagen 3814 vom Typ TM 34 (Reihe 3801-3850), die bei der Wiederinbetriebnahme in den Jahren 1934/35 nur mit Einfachsteuerung ausgerüstet wurden. Wie an der abgespannten Oberleitung zu erkennen ist, steht der Wagen an der Endhaltestelle Baumschulenstr. / Ecke Sonnenallee der Linie 92, unweit der Berliner Mauer (16. Mai 1966). Die kurze Linie 92 fuhr bis 1970 von hier zum S-Bahnhof Oberspree und behielt wegen ihrer Kopfendstellen als letzte Linie die TM 34-Triebwagen. Nach 1971 waren sämtliche Wagen dieses Typs verschwunden, nur der 3802 blieb als Museumswagen erhalten. Die Straße wurde nach dem Bau der Mauer praktisch zur Sackgasse und hat entsprechend wenig Verkehr an diesem Sonntagvormittag. Am 1. April 1971 verlor sie ihre Straßenbahn.

4

Berlin kaufte 1959 zehn Gotha-T57-Triebwagen, die als BVG-Typ TF 59 bezeichnet und mit 3901-3910 numeriert wurden. Die Serie blieb nur bis 1970 im Einsatz und wurde dann an Leipzig und Potsdam abgegeben. Als einziger blieb der Wagen 3901 in Berlin, der 1966 zum Fahrschulwagen 724 001 geworden war. An diesem Fahrzeug wurde später das Stirnfenster vergrößert. Der Wagen steht am 2. April 1968 im Betriebshof Treptow, zusammen mit dem Mitteleinstiegs-Arbeitswagen A 5.

5

Im August 1961 baute die DDR-Regierung die Mauer quer durch Berlin. Noch näher an den „antifaschistischen Schutzwall“ als die Linie 92 im Bild 3 kamen die Linien 87 und 95 in Treptow an der Lohmühlenstraße. Die Linie 95 fuhr von hier nach Köpenick Krankenhaus. Die dortige Endschleife wurde am 14. Juli 1973 aufgegeben und beide Linien bis zum Bahnhof Schöneweide verkürzt; später erhielten sie die Liniennummern 25 und 26.

Obwohl das Fotografieren der Mauer im Osten verboten war, gab es außer dem Fahrer an diesem Sonntagvormittag (16. Mai 1966) keine Passanten, so daß diese historische Aufnahme mit einem Reko-Zug ohne Probleme „geschossen“ werden konnte.

In den Jahren 1959-1970 wurde der größte Teil der Berliner Wagen „rekonstruiert“. Anfangs wurden dafür die Trieb- und Beiwagen des Typs T24/B24 verwendet. Als „Reko-Triebwagen“ 3901-4075 (TE59) und „Reko-Beiwagen“ 1821-2066 (BE 59) baute das Reichsbahn-Ausbesserungswerk in Berlin-Schöneweide (und für eine beschränkte Zahl Triebwagen auch die Waggonfabrik Gotha) die Fahrzeuge in den Jahren 1959-63 neu auf. Als 1963 keine T/B24-Wagen mehr vorhanden waren, wurden auch andere Wagentypen der BVG, wie „Maximum-Wagen“ und vierachsige Beiwagen, „rekonstruiert“; dabei wurden meistens nur Radsätze und Kupplungen weiterverwendet, der Rest war ein völliger Neubau. So entstanden 1963-68 die Triebwagen 5001-5107 (TE 63/64) und Beiwagen 2067-2075, 2101-2186 (BE 64). Später kamen noch einige „Reko“-Nachbauten von Unfallwagen hinzu.

Als 1971 in Berlin die EDV-Numerierung eingeführt wurde, erhielten die Triebwagen die Nummern 217 001-164, 201-306 (mit Lücken) und die Beiwagen die Nummern 267 001-290, 401-450 (mit Lücken). Schon ab 1970 wurden laufend Wagen ausgemustert, mit der Inbetriebnahme der neuen Tatrawagen ab 1976 gingen immer mehr Rekowagen zum alten Eisen. Ab 1987 wurden die restlichen Züge in elfenbein/orange lackiert. Die letzten „Rekozüge“ waren bis zum 28. Januar 1995 auf den Pankower Linien 52 und 53 in Betrieb; auf der Köpenicker Linie 68 fuhren die Triebwagen noch mit Großraum-Beiwagen der Reihe 268 bis zum 1. Juni 1996. Als Museumszug existiert eine Garnitur aus Triebwagen 217 055 und den Beiwagen 267 116 + 427. Insgesamt 38 Triebwagen wurden zu Arbeitswagen, von denen 721 062 ebenfalls museal erhalten wurde; 41 Beiwagen wurden zu Güterloren umgebaut. Im Technikmuseum Prora auf Rügen existiert noch der Triebwagen 217 044. Weitere 7 Trieb- und 2 Beiwagen kamen für eine Museumsbahn dorthin, die jedoch nie realisiert wurde.

Wegen der unruhigen Laufeigenschaften und der von den Fahrgästen selbst zu öffnenden, schmalen Schiebetüren befriedigten die Reko-Wagen im täglichen Betrieb nur mäßig. Darum wurden auch nur wenige Fahrzeuge weiterverkauft - nach Potsdam und an die Strausberger Eisenbahn.

6

Die Zahl der 1961-64 beschafften Großraum-Beiwagen Typ BDE 60 (Reihe 3003-3123) war viel größer als die 65 zugehörigen Triebwagen Typ TDE 60. Die Kombination von zweiachsigen Reko-Triebwagen und vierachsigen Großraum-Beiwagen war daher ganz normal. Das Bild zeigt den Triebwagen 4042 mit dem Beiwagen 3073 im „Z“-Betrieb als einrückenden Kurs der Linie 70 in der Oranienburger Straße am 10. April 1965. Die letzten Reko-Züge dieser Art fuhren bis zum 1. Juni 1996 auf den Köpenicker Linien 60 und 68.

7

Einst der verkehrsreichste Platz Europas - seit 1961 nur noch eine Wüste mit der Demarkationslinie quer durch die alte Stadtmitte: der Potsdamer Platz. Bereits am 15. Januar 1953 wurde der Durchlauf der verbliebenen Linie 74 von Weißensee im Osten zur Finckensteinallee im Westen unterbrochen, im August 1961 folgte die endgültige Teilung Berlins.

Am 10. April 1965, fast vier Jahre nach dem Bau der Mauer, bot sich dem Fotografen vom Westen aus dieser bedrückende Blick in die Leipziger Straße. Ein Reko-Zug der Linie 74 erreicht seine Endschleife am Potsdamer Platz. Die Gleise der einst bedeutendsten Straßenbahnachse Leipziger Straße - Potsdamer Straße sind verwaist, die Zugänge zu S- und U-Bahn unerreichbar.

Makaber mutet die Tafel hinterm Stacheldraht an: *Warum so unbequem? Sie sehen mehr, Sie erfahren die Wahrheit, Sie können objektiver berichten, wenn Sie die Hauptstadt der DDR, Berlin, selbst besuchen!*

8

Einer der wichtigsten Straßenzüge der alten Berliner Stadtmitte, die Leipziger Straße, ist am 16. Mai 1966 noch immer schwer vom Krieg gezeichnet: die meisten Häuser wurden zerstört, nur noch wenige Gebäude stehen, kaum etwas ist wieder aufgebaut.

Von der Sektorengrenze am Potsdamer Platz kommt die Linie 74 Richtung Weißensee mit einem Rekozug, bestehend aus Triebwagen 4023 und den Beiwagen 1897 und 1903. Zum Zeitpunkt der Aufnahme verkehrten hier nur noch die Linien 64, 72 und 74; vor dem Zweiten Weltkrieg fuhren nicht weniger als 34 Straßenbahnlinien über die Leipziger Straße! Die Straßenbahn verschwand hier im August 1970, seit kurzem liegen hier aber wieder Schienen für ein zukünftige Straßenbahnverbindung.

Im Gegensatz zum vorigen Bild wurde im Zentrum der „Hauptstadt der DDR“ die sozialistische Prachtstraße Stalinallee (später Karl-Marx-Allee) gebaut, wo keine Straßenbahn mehr geduldet wurde. Trotzdem überquert ein Rekozug der Linie 64 zwischen den Hochhäusern an der U-Bahn-Station Schillingstraße die weite Straßenfläche, die durch das rote West-Auto des Fotografen als herausstechendem Farbtupfer belebt wird. Der Zug kommt aus der Jacobystraße aus Richtung Alex und fährt in die damalige Frankfurter Straße Richtung Leninallee - Hohenschönhausen. Die Gleise führen durch alte schmale Straßen aus der Vorkriegszeit mit Einrichtungsverkehr für die Straßenbahn. Auf der neuen Verkehrsschneise mit den modernen Hochhäusern wirkt der kleine Zug 9
fast wie ein Anachronismus.

Lange bestand diese Situation allerdings nicht mehr: fünf Monate später, am 10. Oktober 1966, verschwand hier die Straßenbahn. Am Aufnahmetag verkehrten nur noch die Linien 64 und 69. Auch die Vorkriegshäuser auf der rechten Seite wurden bald abgerissen, die alten Straßenführungen wichen einer neuen Bebauung vom Reißbrett. Hinter der Straßenbahn ist noch ein Gebäude zu sehen, das den alten Verlauf der Landsberger Straße markiert. Heute sieht der Stadtplan hier völlig
anders aus und ist nur anhand der Hochhäuser links wiederzuerkennen. 10

Am 25. September 1964 herrscht in der vom sozialistischen Plattenbau geprägten Alexanderstraße sonntägliche Stille. Selbst hier im Zentrum der „Hauptstadt der DDR“ sind außer der Straßenbahn keine weiteren Verkehrsteilnehmer zu sehen. Einer der bereits erwähnten Maximum-Triebwagen, Nr. 5359 mit den Beiwagen 1040 und 1348, biegt als Linie 72E aus dem dreigleisigen Abschnitt in der Alexanderstraße in die Schicklerstraße ein. Nur wenige 100 Meter weiter, in der Jüdenstraße, erreicht er seine Endstation am Berliner Rathaus. Etwas über zwei Jahre später wurde die Straßenbahn vom Alexanderplatz und seiner Umgebung ganz verbannt.

Die Beiwagen entstammen den Serien 914-1087 (Baujahr 1905-11) bzw. 1285-1422 (1918-21, HAWA Hannover) und wurden ursprünglich von der Großen Berliner Straßenbahn beschafft. Aus diesen Serien kamen 21 bzw. 37 Wagen zur BVG-Ost. Als die Fahrzeuge 1969 ausgemustert wurden, wurden Teile noch für den Bau von Reko-Beiwagen verwendet. Die Beiwagen 958, 984 und 1420 blieben als Museumswagen erhalten.

11

Auf der Berliner Straße in Pankow ist am 16. Mai 1966 schon etwas mehr Betrieb, als ein Dreiwagenzug der Linie 3 aus dem Betriebshof Niederschönhausen ausrückt, geführt vom Maximum-Triebwagen 5356 des Typs TD 08 von 1913. Der Zug fährt im „ZZ"-Betrieb, also sind die beiden vorderen Wagen nur für Zeitkarten-Inhaber freigegeben.

Die Beiwagen 1729 und 1738 gehören zur Bauart B51 des LOWA-Typs, dem ersten nach dem Zweiten Weltkrieg in der DDR hergestellten Einheits-Straßenbahnwagen. Die LOWA-Wagen der Reihe 1701-1740 blieben nur bis 1970 in Berlin im Betrieb und wurden entweder ausgemustert oder nach Dessau, Dresden, Rostock und Zwickau verkauft. Wagen 1707 blieb in Berlin und wurde Museumswagen.

12

In der Chausseestraße ist die Welt zu Ende - zumindest die sozialistische. Im Hintergrund verläuft die Sektorengrenze, und die Mauer riegelt diese einstige Durchgangsstraße ab.

Am 16. Mai 1966 wartet Triebwagen 3529 vom Typ TM 36 auf seine Abfahrtszeit, um als Linie 1 zum Ostbahnhof zu fahren. Mit Fahrgästen ist hier am Sonntagvormittag wohl kaum zu rechnen! Schon fünf Monate später, am 10. Oktober 1966, wurde die Linie 1 im Rahmen der Umgestaltung des Liniennetzes stillgelegt.

Eine dramatische Szenerie, die mittlerweile glücklicherweise Geschichte ist: die Berliner Mauer, von der bekannten Aussichtsplattform an der Bernauer Straße im Westteil - für Westberliner eine der wenigen Stellen, von der aus Ostberliner Straßenbahnen zu sehen waren.

Der Rekozug der Linie 13 verläßt am 1. Juni 1981 seine Endhaltestelle Eberswalder Straße / Ecke Oderberger Straße, um Richtung Blockdammweg zu fahren. In der Endschleife der Linien 13 und 4 steht schon der nächste Zug.

Möglicherweise kommt die Straßenbahn zukünftig hierher wieder zurück.

13

Wir verlassen die Innenstadt und begeben uns Richtung Köpenick. Hier wartet ein ausgedehntes Liniennetz mit eigenem Charakter auf uns, das nur über zwei Strecken Verbindung mit dem übrigen Berliner Netz hat. Die östlichen Vororte Berlins sind reich an Grün; hier erinnert nur noch wenig an das Großstadtgewühl der Metropole.

Der Fürstenwalder Damm im Ortsteil Hirschgarten hat am 17. Mai 1966 sein schönstes Frühlingskleid angelegt. Unter den Alleebäumen rollt ein Zug der Linie 84 von Altglienicke Richtung Friedrichshagen am Großen Müggelsee. Wenn in diesem Idyll etwas stört, dann höchstens die Zugzusammenstellung: den Maximum-Vierachser 5260 hat man mit dem rund 40 Jahre jüngeren LOWA-Beiwagen 1715 kombiniert.

Der Maximum-Triebwagen vom Typ TD 07 hat im Gegensatz zu den vorher abgebildeten Fahrzeugen zehn Seitenfenster. Er gehört zur Reihe 5207-5314, die in den Jahren 1907-1912 für die Große Berliner Straßenbahn (GBS) gebaut wurde. Nach der Teilung der BVG gingen 1952 31 Wagen in den Osten, wo sie etwas modernisiert wurden und Tonnendach, Schiebetüre und Fahrersitz erhielten. Die Wagen fuhren noch bis 1969 auf den Köpenicker Linien und wurden anschließend ausgemustert mit Ausnahme der Wagen 5256, 5274 und 5279, der letzte als GBS 2990.

Ein typisches Berliner Detail ist auf dieser Aufnahme besonders schön zu sehen: das gewaltige Weichenstelleisen an der Stirnfront. Damit konnte der Fahrer - ohne auszusteigen - durch das Fenster seine Weichen stellen!

14

15

Der Waggonbau Gotha baute 1961-1964 nach einigen Prototypen eine Serie von 65 vierachsigen Triebwagen und 121 Beiwagen für die Betriebe in Berlin, Dresden und Magdeburg. 32 Triebwagen (8003-8019 = Typ TDE 61, 8020-8034 = TDE 64) und 88 Beiwagen (3003-3090) waren für Berlin bestimmt, wobei der überschüssige Teil der Beiwagen hinter zweiachsigen Reko-Triebwagen eingesetzt wurde. 1968-70 wurden auch die 33 Züge aus Dresden und Magdeburg nach Berlin umgesetzt. Damit ergaben sich die Reihen 8003-8067 (Triebwagen) bzw. 3003-3123 (Beiwagen). Im EDV-Nummernsystem ab 1971 kamen die Triebwagen in die Serie 218 (001-066), die Beiwagen wurden zu 268 001-122.

Die Großraum-Einzelwagen fuhren meistens im Raum Köpenick, die Großraumzüge auf der Linie 86, der „Schmöckwitz-Grünauer Uferbahn“. Diese führt als Überlandbahn von Schmöckwitz nach Grünau und weiter im Straßenraum über Köpenick nach Mahlsdorf Süd, wo am 17. Mai 1966 das Bild entstand. Die Großraumwagen waren hier bis zum 1. April 1995 im Einsatz, auch beim Abschied der Reko-Triebwagen im Juni 1996 liefen Großraum-Beiwagen mit.

Triebwagen 218 001 und 025 sowie Beiwagen 268 058 blieben in Berlin erhalten, nach Dresden zurück gingen 218 037 (ex 8038) als 1734 und der Beiwagen 268 104, der wieder zum 2015 wurde.

16

Für die Linie 84 (später 60) des Köpenicker Netzes von Alt Glienicke nach Friedrichshagen Wasserwerk, die an beiden Enden nur Umsetzstellen hatte, wurde 1969/70 eine Reihe von Zweirichtungs-„Reko“-Dreiwagenzügen gebaut. Die Triebwagen TZ 69, Reihe 5126-5150 und die Beiwagen BZ 69, Reihe 2241-2290, wurden wiederum vom RAW Schöneweide hergestellt; das “Z” steht für Zweirichtungswagen. Im Gegensatz zu den Einrichtungs-Rekowagen erhielten sie einen normalen Fahrschalter mit Kurbel anstelle des Lenkrads. Als bei der BVG-Ost 1971 die sechsstelligen EDV-Nummern eingeführt wurden, wurden die TZ 69-Triebwagen als 223 001-225 und die Beiwagen BZ 69 als 269 001-050 eingereiht. Die Fahrzeuge blieben noch bis zum 1. Juni 1996 auf der Linie 60 in Betrieb, als diese bis Adlershof verkürzt wurde und keine Zweirichtungswagen mehr benötigt wurden.

Acht Triebwagen und zwölf Beiwagen kamen zur Bildung von Dreiwagenpendelzügen zur Strausberger Eisenbahn, wo einige Triebwagen und ein Beiwagen bis heute überlebten. Weitere Triebwagen verschlug es ins Ausland, je einen nach Sheffield, Sydney, Bergen (Norwegen) und ins Straßenbahnmuseum Crich in Großbritannien. Als Museumszug blieb in Berlin die Garnitur 223 012 + 269 001 + 269 011 erhalten.

Auf dem Foto vom 31. März 1976 fährt der Zug der Linie 84 auf der Friedrichshagener Straße in Köpenick Richtung Friedrichshagen. Die Straße wurde inzwischen vierspurig ausgebaut.

17

Zur Abrundung des Bilderreigens aus Berlin ein Sprung in die Zeit nach 1976, als die Tatra-Kurzgelenkwagen des Typs KT4D Berlin eroberten und schließlich mit 582 Stück den weitaus größten Teil des Straßenbahnverkehrs bewältigten. Sie waren in der Reihe 219 001-582 zusammengefaßt, davon kamen acht Wagen aus Leipzig. Ab 1983 wurden 99 Wagen gebaut, die mit Thyristorsteuerung ausgerüstet waren.

In der Endschleife Henneckestraße im Neubau-Stadtteil Marzahn stehen am 4. Mai 1984 drei Zweiwagenzüge nebeneinander: Linie 18 zum Stadion der Weltjugend (Triebwagen 219 125), Linie 14 zum S-Bahnhof Leninallee (Triebwagen 219 121) und Linie 12 nach Lichtenberg warten auf ihre Abfahrtszeit. Bei der Bedienung dieses etwa 15 km vom Zentrum Berlins entfernten Stadtteils mit typisch sozialistischen Plattenhochhäusern mußte die Straßenbahn die Hauptlast des Verkehrs übernehmen, obwohl man damit rund eine Stunde bis zur Innenstadt unterwegs war. Die erste Straßenbahnverbindung nach Marzahn entstand 1980, die letzte Verlängerung nach Hellersdorf erfolgte 1991.

Ab 1986 wurden die Berliner KT4D orange lackiert, nachdem man zuvor eine Farbkombination aus elfenbein und orange verwendet hatte. Als in Potsdam der Wagenpark nach starker Vernachlässigung teilweise untauglich geworden war, wurden 1989/90 von Berlin 80 besser unterhaltene KT4D-Wagen dorthin abgegeben. Nach der Wende erhielten in Berlin 1993-97 insgesamt 171 Wagen mit Baujahren ab 1981 eine Modernisierung und die Nummernserie 6001-6173 (zwei Lücken), die 99 Thyristorwagen wurden zu 7001-7099. Die nicht modernisierten Wagen wurden 1998 ausgemustert und wegen ihres guten Unterhaltungszustandes in größeren Stückzahlen an Betriebe in Rumänien und Kasachstan verschenkt oder sehr billig verkauft. So gingen 94 Wagen nach Oradea, Braila, Galati, Cluj Napoca, Constanta und Craiova in Rumänien und 50 Stück nach Almaty (Alma Ata).

Der nicht mehr modernisierte Zug 219 481 + 482 wurde zum Museumszug.

18

Ein wichtiger Straßenbahnknoten in Ost-Berlin war die Schleife am Hackeschen Markt, dicht am S-Bahnhof Marx-Engels-Platz. Auf der Linie 28 vom Hackeschen Markt nach Weißensee, einer Verstärkung der Linie 24, steht am 1. Juni 1981 der KT4D-Zug aus 219 037 und 219 049 im Einsatz. Seit der Neugestaltung der Linienführung rund um den Alexanderplatz fahren an dieser Stelle heute keine Straßenbahnen mehr.

19

Die neue Lackierung, die mit den Tatra-Zügen in Berlin Einzug gehalten hatte, „färbte“ allmählich auch auf ältere Fahrzeugserien „ab“. Neben den Großraumwagen erhielten auch die restlichen, noch vorhandenen Reko-Züge die Farbgebung in elfenbein-orange. Am 4. Mai 1984 begegnete dem Fotografen mitten in Alt-Köpenick an der Haltestelle Freiheit eine solche Garnitur auf der Linie 84 Richtung Friedrichshagen, geführt von Triebwagen 217 288.

20

Berlin hatte immer einen Riesenpark an Arbeitswagen, die ständig durch neuere Typen ersetzt wurden, die aus dem Linienverkehr ausschieden. Auch eine ganze Reihe Reko-Wagen wurde zu Arbeitswagen, von denen die Triebwagen in der EDV-Gruppe 721 zusammengefaßt wurden. Die Reko-Arbeitstriebwagen erhielten die Nummern 721 039-066. Einrichtungswagen wurden für Zweirichtungs-Betrieb umgebaut und erhielten mittige Ladetüren in den Seitenwänden.

Weil die Öllieferungen der Sowjetunion an die DDR unregelmäßiger wurden, forderte das Verkehrsministerium 1981, die Straßenbahnbetriebe wieder stärker am innerstädtischen Güterverkehr zu beteiligen. In zahlreichen Städten verkehrten ab 1981/82 wieder Güterzüge über Straßenbahngleise, so in Berlin, Dresden, Erfurt, Gera, Gotha, Halle, Jena, Leipzig, Magdeburg und Potsdam.

Das weitaus größte Güterstraßenbahnnetz der DDR wurde ab 1982 in Berlin betrieben. Das RAW Schöneweide baute von 1981 bis 1983 nicht weniger als 28 Reko-Triebwagen zu den Gütertriebwagen 721 039-066 um, außerdem etwa 40 Beiwagen-Untergestelle zu Güterloren. Damit wurden zwei Güterlinien betrieben: Die erste Linie verband das Transformatorenwerk Oberschöneweide über 23 km (!) quer durch die Stadt mit dem Zweigwerk in Niederschönhausen und verkehrte nur nachts. Eine zweite Verbindung wurde 1983 für den VEB SERO („Sekundär-Rohstofferfassung“) eingerichtet - sie fuhr von der Papieraufbereitungsanlage in Mahlsdorf zur neuen Schiffsverladestelle Köpenick an der Grünauer Straße (7 km), jeweils nur außerhalb des Berufsverkehrs sowie samstags.

Am 4. Mai 1984 ist Triebwagen 721 045 (ex 217 228) mit zwei offenen Güterwagen, beladen mit Altpapierballen, von Mahlsdorf nach Köpenick Hafen unterwegs. Er hat gerade das Ende der Bahnhofstraße in Köpenick erreicht und biegt nun links ab in die Lindenstraße. 1989 wurde er ausgemustert.

Noch bis 1991 verkehrten diese Altpapierzüge, übrigens als letzte Güterstraßenbahn der DDR! Erst in neuester Zeit wurde diese Tradition mit der „Cargo-Tram“ für das VW-Werk in Dresden wieder aufgegriffen.

Schöneiche - Rüdersdorf

Im Einzugsbereich von Berlin verkehrt eine kleine Straßenbahn, die immer etwas im Schatten des großen Nachbarn BVB lag: die Schöneicher - Rüdersdorfer Straßenbahn. Die meterspurige Strecke verbindet Schöneiche, das um 1900 von den Berlinern als Wohnort im Grünen entdeckt wurde, mit dem S-Bahnhof Friedrichshagen und den dort vorbeiführenden Köpenicker Straßenbahnlinien. 1910 wurde die Bahn mit Benzollokomotiven eröffnet und 1912 nach Kalkberge (heute Rüdersdorf) verlängert. Der problematische Benzolbetrieb wurde schon 1914 aufgegeben, seither fährt die Bahn elektrisch. Sie hat ausgesprochenen Überlandbahn-Charakter und ist rund 14 km lang. Glücklicherweise überlebte sie die Wende, wurde seither modernisiert und hat hoffentlich - seit einiger Zeit unter dem Dach eines großen Konzerns - eine gute Zukunft.

21

Beim ersten Besuch des Verfassers 1964 waren zwischen Schöneiche und Rüdersdorf noch recht urtümliche Fahrzeuge unterwegs, die teilweise noch aus der Anfangszeit des elektrischen Betriebes stammten und der Bahn ein ganz eigenes Flair verliehen.

So sehen wir hier in der erst 1960 angelegten Endschleife am S-Bahnhof Friedrichshagen den Triebwagen 6 (mit „Z"-Schild), der noch aus dem Eröffnungsjahr stammt (Lindner/1914, Serie 1-6). Reichlich unpassend wirkt dazu der zweiachsige LOWA-Beiwagen 29 (ex 23), 1955 in Gotha gebaut. Insgesamt hatte die Bahn drei LOWA-Beiwagen 29-31, die 1967 in 121-123 umnumeriert und bis 1968 nach Gera abgegeben wurden.

Der 50 Jahre alte Triebwagen sieht schon ziemlich mitgenommen aus - einige Monate nach dieser Aufnahme, die am 25. September 1964 entstand, wurde er zum Beiwagen degradiert und zwei Jahre später ausgemustert.

22

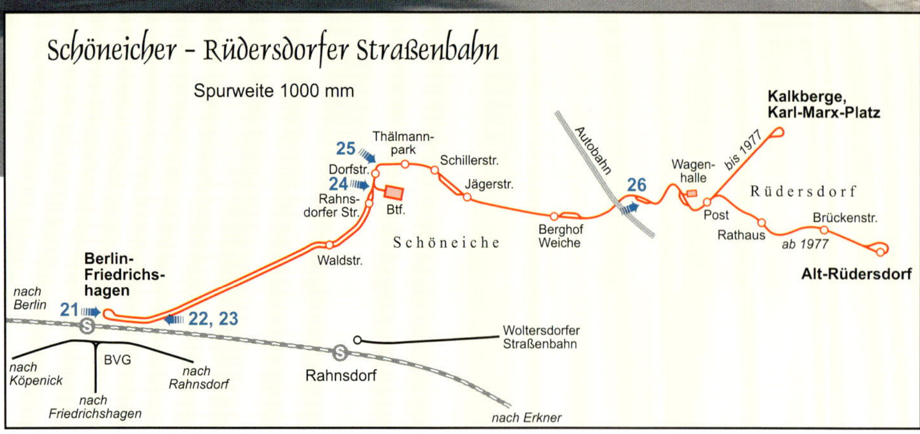

Am gleichen Tag ist Triebwagen 7 mit Beiwagen 25 soeben an der westlichen Endhaltestelle S-Bahnhof Friedrichshagen abgefahren und überquert die Schöneicher Landstraße Richtung Schöneiche. Beide Fahrzeuge gehören zur zweiten Generation, die Lindner in Ammendorf 1928 geliefert hatte (Triebwagen 31-34, später 7-10; Beiwagen 25-28); sie wurden 1974 ausgemustert.

23

Mit sparsamen Mitteln gelang es der Werkstatt des kleinen Betriebes, mit Unterstützung des RAW Schöneweide 1963 den Vierachs-Triebwagen 2 aus dem Jahr 1914 zu modernisieren. Er wurde zum Einrichtungswagen mit einen Reko-ähnlichen Kopf umgebaut. Hier erreicht er mit Beiwagen 21 die Endschleife Friedrichshagen.

Der Triebwagen wurde in 52 umnumeriert und noch bis 1975 eingesetzt. Die Beiwagen 21 und 22 aus dem Eröffnungsjahr 1910 (Benzolbetrieb) wurden 1962/63 ebenfalls zu Einrichtungswagen umgebaut (später 111, 112) und noch bis Mitte der achtziger Jahre im Liniendienst eingesetzt.

24

Der Fahrleitungs-Triebwagen A 91 (ex A 6) wurde 1917 von Lindner für die Türkei gebaut, aber wegen des Ersten Weltkriegs nie dorthin verschickt, sondern an die Krefelder Straßenbahn geliefert. Von dort kam er nach Schöneiche, wo er heute noch existiert. Vor der Wagenhalle Schöneiche fotografierte ihn der Autor im April 1964.

25

Die bekannteste Stelle der Straßenbahn Schöneiche-Rüdersdorf: die Ecke Dorfstraße/Schöneicher Straße. Am 31. März 1976 schlingert der vom RAW Schöneweide auf alten Drehgestellen aufgebaute „Reko“-Triebwagen 63 mit dem vierachsigen Beiwagen 131 durch die Kurve.

Das RAW Schöneweide baute in den Jahren 1965-70 die Reko-Einrichtungs-Triebwagen 61-65, die verschiedene Anstriche hatten und bis Mitte der achtziger Jahre im Betrieb waren. Von Karl-Marx-Stadt (Chemnitz) kamen 1964 die drei vierachsigen Triebwagen 297-299, die dort wegen Ersatzteilmangels nicht mehr verwendbar waren. Die Schöneicher - Rüdersdorfer Straßenbahn nahm die Fahrzeuge als Beiwagen 131-133 in Betrieb, nachdem die Drehgestelle von 925 mm auf Meterspur umgebaut worden waren. Auch diese Wagen fuhren teilweise noch bis Mitte der achtziger Jahre.

Die Situation auf der Aufnahme war bis vor kurzem unverändert, erst 2001 wurde die Straße verbreitert und die Häuser abgerissen.

26

Reko-Triebwagen 72 ist mit zwei bauartgleichen Beiwagen als typenreiner Zug an der alten Ausweiche Berghof in ländlicher Umgebung unterwegs. Am 31. März 1976 kommt er noch von der alten, ein Jahr später aufgegebenen Endhaltestelle Kalkberge.

Aus der letzten Reko-Produktion des RAW Schöneweide (Typen TE bzw. BE 70) kamen 1974/75 die fünf Triebwagen 71-75 nach Schöneiche. Parallel dazu wurden auch fünf gleiche Beiwagen geliefert (101-105), die 1983-85 noch durch neun gebrauchte Rekowagen aus Berlin und Frankfurt/Oder ergänzt wurden (106-110, 121-122 und 141-142).

Woltersdorf

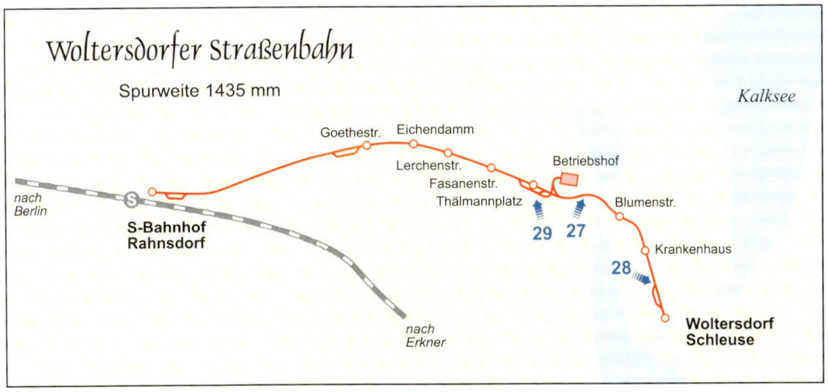

Ein ganz ähnlicher Kleinbetrieb liegt unmittelbar in der Nähe von Schöneiche: die Woltersdorfer Straßenbahn. Die 1913 eröffnete Strecke ist mit 5,6 km noch wesentlich kürzer, dafür aber normalspurig. Die Gründe für den Bau waren ähnlich wie in Schöneiche: der Wunsch nach einer günstigen Verbindung nach Berlin mit Anschluß an die Eisenbahn in Rahnsdorf. Trotz der direkten Nachbarschaft kam es damals nicht zu einer gemeinsamen Planung der Nachbargemeinden - erst 1963 wurden beide Bahnen einer gemeinsamen Betriebsleitung unterstellt. Bis heute lebt die Bahn vorwiegend vom Berufsverkehr und dem Ausflugsverkehr in die wald- und wasserreiche Umgebung.

27

Die Woltersdorfer Straßenbahn ist teilweise eine echte „Dorfstraßenbahn". Eine der eindrucksvollsten Stellen ist die „Zeuschner Kurve" in Woltersdorf. Am 15. Mai 1966 kommt hier ein Dreiwagenzug aus Richtung Schleuse nach Rahnsdorf. Die ganze Garnitur besteht aus Vorkriegswagen. Triebwagen 12 der Reihe 10-15 (Orenstein & Koppel/1913) kam 1962 von der BVG Berlin (Typ TF 13) nach Woltersdorf, die Beiwagen 25 und 23 gehören zu der eigenen Stammserie 21-26 aus dem gleichen Baujahr.

Der Triebwagen blieb bis 1978 im Einsatz, die Beiwagen teilweise bis 1969. Beiwagen 24 blieb als Museumswagen erhalten.

28

Bei dem kleinen Betrieb in Woltersdorf blieb der Prototyp der „Kriegs-Straßenbahn-Wagen“ (KSW) als Wagen 7 erhalten; er wurde 1943 von der Waggonfabrik Uerdingen für Berlin als 6201 gebaut, kam aber schon ein Jahr später nach Woltersdorf.

Der Wagen steht mit den Beiwagen 26 und 24 an der Endhaltestelle Woltersdorf Schleuse und wartet auf die Abfahrt nach Rahnsdorf, 15. Mai 1966. Das Schild „Z“ hinter dem Fenster bedeutet, daß der Triebwagen nur für Zeitkartenbesitzer und Fahrgäste mit Fahrkarte bestimmt ist, die Schaffnerin bedient die Beiwagen.

Triebwagen 7 blieb als Museumswagen erhalten und wird immer noch gelegentlich für Sonderfahrten eingesetzt, ebenso wie der Beiwagen 24, der zweite Wagen auf dem Bild.

Hier am Endpunkt hat sich bis heute kaum etwas geändert. Die Straßenbahn fährt jetzt als Linie 87 des Verkehrsverbundes Berlin-Brandenburg.

29

Zugkreuzung am 31. Mai 1981 in der Ausweiche Thälmannplatz in Woltersdorf. Bis 1994 wurde der Beiwagen hier jeweils abgehängt und vom Gegenzug wieder nach Rahnsdorf mitgenommen. Links der Gotha-Triebwagen 30, der aus Dessau übernommen wurde und heute noch als Nr. 28 verkehrt. Rechts ist der Reko-Beiwagen 87 (Baujahr 1975) zu sehen, der 1977 von Schwerin gekauft wurde und anfangs kurzzeitig die Nr. 21 trug; er wurde 1991 zerlegt - wegen Platzmangels in der Wagenhalle!

Woltersdorf ist einer der drei Betriebe (neben Jena und der Kirnitzschtalbahn), die 2001 noch Gotha-Wagen in Betrieb hatten. Hier existieren noch die Triebwagen 27, 28, 30 und 32 in modernisierter Form, ebenso der Triebwagen 31, der aus Dresden übernommen wurde. Der Triebwagen 29 ist als einziger noch in Originalausführung vorhanden.

Marco Moerland

Strausberg

Der fehlende direkte Anschluß der Kleinstadt Strausberg an die seit 1867 bestehende Ostbahn führte zum Bau der Strausberger Eisenbahn, die schon 1893 als dampfbetriebene Kleinbahn eröffnet wurde. Nach langen Planungen und Rückschlägen durch den Ersten Weltkrieg wurde sie 1921 elektrifiziert und erhielt gleichzeitig im Stadtbereich von Strausberg eine neue Linienführung als Straßenbahn. Die alte Kleinbahntrasse blieb für den Güterverkehr bestehen. 1926 wurde die Straßenbahnstrecke vom Depot aus über die Große Straße zur Wriezener Straße verlängert. Im Personenverkehr wurden seither immer Straßenbahnfahrzeuge eingesetzt.

Die elektrische Berliner S-Bahn erreichte den Bahnhof Strausberg 1948, acht Jahre später wurde sie mit einer Neubaustrecke bis Strausberg Nord verlängert. Trotz dieses Parallelverkehrs konnte die Straßenbahn zu DDR-Zeiten immer mit beeindruckenden Fahrgastzahlen aufwarten. Dies hat sich nach der Wende leider geändert - die Zukunft sieht für die Strausberger Eisenbahn nicht sehr rosig aus.

30

Am 15. Mai 1966, einem stillen Sonntagnachmittag, hat Triebwagen 1 - noch im Ursprungsanstrich - seine alte Endhaltestelle Wriezener Straße / Landesjugendheim verlassen und fährt durch die Große Straße Richtung Lustgarten. 1970 wurde dieser Abschnitt stillgelegt.

31

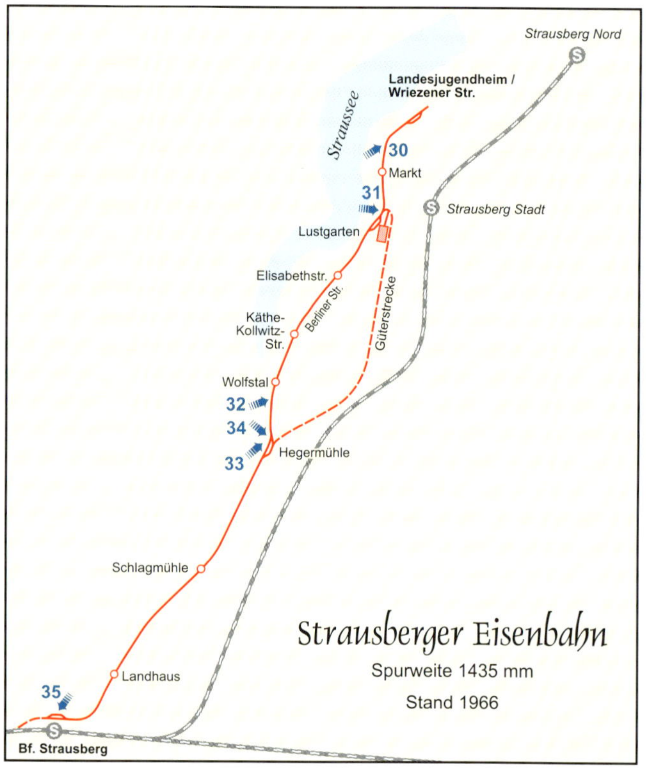

Ein Blick in den Betriebshof Strausberg, nahe der heutigen Endhaltestelle Lustgarten, am 15. Mai 1966. Vorne der KSW-Beiwagen 19 der Reihe 17-20 aus dem Jahre 1944, dahinter der Triebwagen 8, der erst kurz vor dem Aufnahmedatum aus Berlin gekauft wurde. Er wurde 1921 von Falkenried in Hamburg gebaut und lief in Berlin unter der Nr. 4305. 1980 ging er wieder zurück nach Berlin, um als Museumswagen erhalten zu bleiben.

Von den KSW-Beiwagen ging Wagen 20 schon kurz nach der Lieferung 1944 im Krieg verloren, die anderen drei wurden 1968/69 an die Woltersdorfer Straßenbahn abgegeben (dort Nr. 21, 24, 22). Der abgebildete Beiwagen 19 wurde in Woltersdorf später zum Museums-Beiwagen 22, zusammen mit dem dortigen KSW-Triebwagen 7.

32

Auf seiner Fahrt zum S-Bahnhof Strausberg ist ein Dreiwagenzug in der Hauptstraße kurz vor Hegermühle unterwegs.

Triebwagen 1 (Reihe 1-3) zieht Beiwagen 4 (Reihe 4-7) und 17. Seit vielen Jahren hat sich hier nichts geändert, nur der KSW-Beiwagen 17 kam erst 1944 in Betrieb (KSW = Kriegs-Straßenbahn-Wagen).

33

Am 31. März 1976 begegnete dem Fotografen bei trübem Wetter einer der „Leipziger" Züge. Triebwagen 9 mit dem umgedrehten „OS"-Schild im Fenster hat Triebwagen 8 im Schlepp. Der Zug kommt aus der Stadt und ist unterwegs Richtung S-Bahnhof Strausberg. Er hat gerade den Abzweig Hegermühle erreicht, wo die Güterstrecke auf der alten Trasse von 1893 abzweigt (rechts).

Zur Modernisierung des Wagenparks wurden 1968-70 elf schwere vierachsige Triebwagen aus Leipzig übernommen, von denen zunächst sieben Wagen in Betrieb kamen (Wagen 2, 3, 5, 7-10). Meistens verkehrten sie als Zweiwagenzüge, wobei der hintere Triebwagen nur als Anhänger mitgeführt wurde; das Umsetzen an den Endhaltestellen konnte so entfallen. Triebwagen 2 und 10 verunglückten nach einigen Jahren; dafür wurden zwei neue Wagen mit den selben Wagennummern in Betrieb genommen. Die beiden letzten Fahrzeuge wurden nie gebraucht und dienten nur als Ersatzteilspender. Die „Leipziger" waren in Strausberg bis 1983 im Einsatz.

34

Den Güterverkehr wickeln die beiden kleinen elektrischen Loks 14 und 15 ab. Kurz nach der vorigen Aufnahme kommt im letzten Fotolicht Lok 15 (LEW Hennigsdorf/1963) mit einem Güterzug vom Bahnhof Strausberg, wo sie die Wagen von der Reichsbahn übernommen hat. Bei Hegermühle nimmt sie das östliche Gleis, das seit 1921 ausschließlich dem Güterverkehr dient und hinter dem Ort bis zum Betriebshof verläuft. Dort besteht wiederum Gleisverbindung zwischen den beiden Streckenästen.

Die veralteten Leipziger Wagen wurden ab 1981 durch Dreiwagenzüge aus Berliner „Reko"-Zweirichtungswagen ersetzt. Insgesamt wurden acht Triebwagen (01-08) der BVG-Reihe 223 und 12 Beiwagen der BVG-Reihe 269 übernommen; von den Beiwagen gingen aber nur vier (001-004) in Betrieb.

Ein Zug aus Triebwagen 01, Beiwagen 001 und Triebwagen 02 steht am 3. Mai 1984 vor dem S-Bahnhof Strausberg. Abgesehen von den Betriebsnummern und dem Strausberger Wappen hat er sein Berliner Äußeres unverändert behalten - ganz offensichtlich ist er auch seit langem nicht mehr gewaschen worden . . .

Auch bei diesen Zügen war von Zugsteuerung keine Rede: der jeweils vordere Triebwagen zieht die beiden anderen Wagen, allerdings ist der ganze Zug gebremst. 1995 wurden die Reko-Wagen durch drei achtachsige Tatra-KT8-Gelenkzüge aus Kosice (Kaschau) in der Slowakei ersetzt, die zunächst nur werktags im Einsatz waren. Von den Reko-Zügen blieben bis heute die Triebwagen 05 (ex 03), 06, 07 und die Beiwagen 001 (ex 002) und 003 erhalten. Sie verkehren gelegentlich noch bei Ausfall der KT8 als Dreiwagenzug oder auch in verkehrsschwachen Zeiten als Einzelwagen. Im Verkehrsverbund Berlin-Brandenburg wird die Strausberger Eisenbahn heute als Linie 89 bezeichnet.

35

Potsdam

Schon im 13. Jahrhundert entstand in Potsdam eine Burg der markgräflich-brandenburgischen Kurfürsten. Eigentliche Bedeutung erlangte die Stadt erst, als Kurfürst Friedrich-Wilhelm das 1670 vollendete Stadtschloß zu seiner Residenz erhob und die Ansiedlung französischer Glaubensflüchtlinge förderte. Im 18. Jahrhundert entstand unter dem Preußenkönig Friedrich II. das Schloß Sanssouci, die Stadt dehnte sich stark aus - nicht zuletzt auch durch zahlreiche Militärbauten und Kasernen des preußischen Heeres.

1880 fuhr die erste Pferdebahn in Potsdam, die allerdings nur das Zentrum erschloß. Erst nach der Elektrifizierung 1907 dehnte sich das Straßenbahnnetz auch in die Vororte aus, so 1908 zum Bahnhof und weiter ins heutige Babelsberg, 1913 zum Luftschiffhafen und 1934 zum Bahnhof Rehbrücke. Zu DDR-Zeiten kam 1958 die Verlängerung zum Bahnhof Potsdam Süd (Hbf) hinzu, 1982 schließlich die Neubaustrecke zum Stern, einem neuen Wohngebiet in Drewitz.

Obwohl Potsdam Bezirkshauptstadt war, wurde der Zustand des Betriebes in den letzten Jahren der DDR immer bedenklicher - nur der massive Einsatz von Fahrzeugen aus Berlin hielt die Straßenbahn am Leben.

36

An einem Sonntagvormittag, dem 15. Mai 1966, stattete der Fotograf Potsdam seinen ersten Besuch ab. In der Wilhelm-Pieck-Straße (heute Charlottenstraße) herrscht noch sonntägliche Ruhe, lediglich die Straßenbahn und einige wenige Passanten beleben die Szene. Ein typenreiner Lindner-Vorkriegszug aus Triebwagen 121 und Beiwagen 210 + 204 ist auf der Linie 1 vom Potsdamer Hauptbahnhof zum Bahnhof Rehbrücke unterwegs.

Seit 1965 trägt der Triebwagen auf der Stirnfront das „OS"-Symbol (Ohne Schaffner). In deutlichem Kontrast zum übrigen Erscheinungsbild des Zuges, der wohl schon länger nicht mehr gewaschen wurde, steht die Stirnfront des Triebwagens. Beim Umbau für Einrichtungsverkehr erhielt sie offensichtlich einen neuen Anstrich.

Der Triebwagen stammt aus der Reihe 111-123, die Beiwagen aus der Reihe 201-216, alle 1926-28 von Lindner in Ammendorf gebaut. Die Wagen fuhren noch bis 1967/68, als letzter wurde 1971 der abgebildete Triebwagen 121 verschrottet.

Fast noch stiller ist es in der Berliner Straße, als Triebwagen 115 auf der Linie 3 am selben Tag Richtung Glienicker Brücke fährt. In der vom Krieg weitgehend verschont gebliebenen Straße scheint sich seit Jahrzehnten kaum etwas geändert zu haben. Weder Autoverkehr noch Fahrgäste sind zu sehen: die Straße wurde praktisch zur Sackgasse, als die Glienicker Brücke zur Grenze zwischen der DDR und den Berliner West-Sektoren wurde und seither höchstens zum Austausch enttarnter Spione (!) benutzt wurde. Die Linie 3 ist 1966 nur eine kurze Pendellinie zwischen Platz der Einheit und dem Gleisdreieck Berliner Straße / Menzelstraße kurz vor der Glienicker Brücke.

37

38

Neben dem Schloss Sanssouci ist das Nauener Tor eines der Potsdamer Wahrzeichen und heute noch bei Straßenbahnfreunden ein unverzichtbares Fotomotiv. Der G4-Gelenkwagen 169 (Reihe 161-180) kommt auf der Linie 5 von Kapellenberg und fährt quer durch Potsdam weiter nach Babelsberg.

Potsdam erhielt 1985 aus Leipzig weitere sechs G4, von denen aber nur einer (186) betriebsfähig war. Im Liniendienst verkehrten die Gelenkwagen bis 1989/90; Triebwagen 177 blieb als Museumswagen erhalten, alle anderen wurden verschrottet.

39

Potsdam gehörte zu den ersten Betrieben, die LOWA-Wagen beschafften: Triebwagen 131-144 und Beiwagen 221-244 von Werdau und Gotha, Baujahre 1950-53. Am 15. Mai 1966 begegnete dem Fotografen eine komplette LOWA-Garnitur (Tw 144 + Bw 224 + 240) am Potsdamer Luftschiffhafen außerhalb der Stadt. Der Zug fährt von Babelsberg zum neuen Hauptbahnhof, auch wenn das Zielschild die Gegenrichtung angibt. Die Fahrzeuge wurden zwischen 1973 und 1979 nach und nach ausgemustert, weil die Wagenkasten der Verkehrsbeanspruchung nicht mehr gewachsen waren.

Nach dem Mauerbau 1961 und der Abriegelung West-Berlins verlor der bisherige Potsdamer Stadtbahnhof seine Bedeutung, weil die Züge von und nach Ost-Berlin jetzt über den südlichen Außenring geleitet wurden. Das fehlende Teilstück Golm - Saarmund im Südwesten von Potsdam war 1956 fertiggestellt worden. Der Haltepunkt Potsdam Süd (heute: Potsdam-Pirschheide), an der Kreuzung des Außenrings mit der Strecke nach Beelitz und Jüterbog, wurde 1957-59 zum neuen Hauptbahnhof für Potsdam ausgebaut. Wie der heutige Name schon anklingen läßt, liegt er im Wald weit abseits der Stadt. 1958 erhielt er Anschluß an das Straßenbahnnetz durch Verlängerung der Strecke zum Luftschiffhafen. Der neue Hauptbahnhof wurde von den Linien 1 nach Rehbrücke und 4 nach Babelsberg bedient.

40

Am 15. Mai 1966 wartet dort Gotha-Triebwagen 156 mit Beiwagen 241 auf der Linie 4 auf seine Abfahrt nach Babelsberg, während links Vorkriegs-Triebwagen 119 mit Beiwagen 205 als Reserve bereit steht. Der Gotha-Wagen gehört zur Reihe 151-156 aus dem Jahre 1960 (Typ T 57), deren letzte Fahrzeuge noch bis 1991 im Betrieb standen.

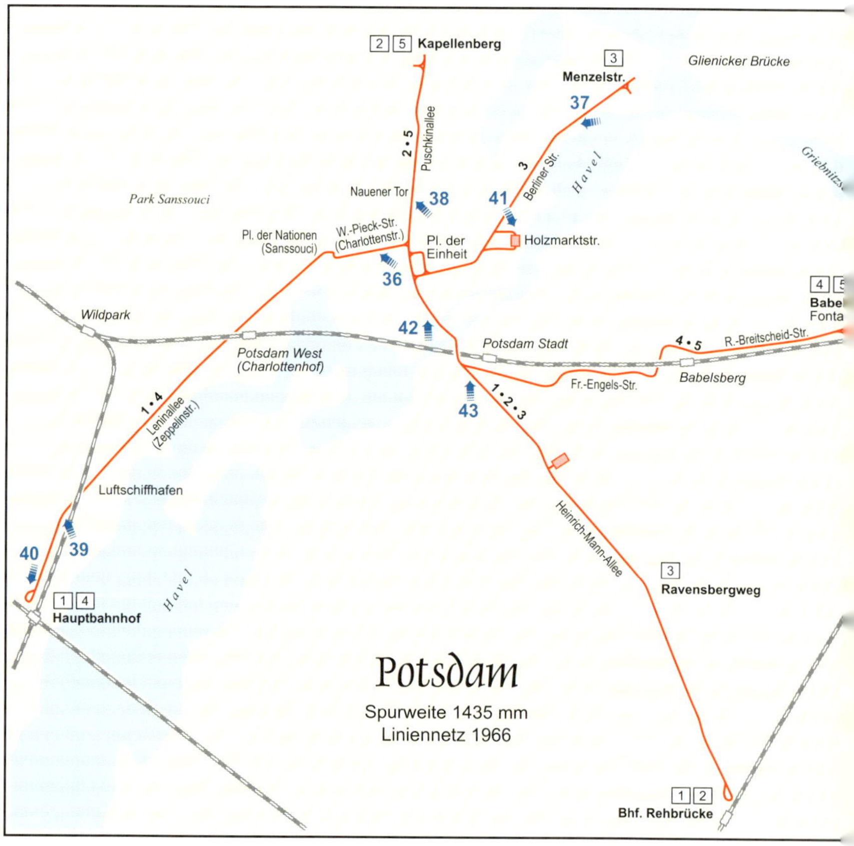

41

Die ersten beiden KT4D-Prototypen 8001-8002 wurden 1972 in normalspuriger Ausführung gebaut. Nach zweijähriger Erprobung in Prag kamen die beiden Tatra-KT4D-Prototypen im Dezember 1974 nach Potsdam, um bis September 1975 als 001 und 002 auch hier ausgiebig erprobt zu werden. Während der Pförtner schon mit der Polizei telefonierte (!), lichtete der Fotograf am 31. März 1975 den Wagen 002 von der Straße außerhalb des Betriebshofes Holzmarktstraße aus ab. Glücklicherweise war er längst weg, ehe die Vopos kamen....

Im Oktober wurden die beiden Prototypen in den Regelbetrieb übernommen und blieben bis 1989 im Einsatz. Während Wagen 001 als Museumswagen erhalten blieb, wurde der andere 1991 verschrottet. Ab 1977 lief die eigentliche Serienproduktion an, Potsdam beschaffte bis 1987 weitere 42 KT4D-Wagen (003-044), die 1989/90 von nicht weniger als 80 Triebwagen aus Berlin ergänzt wurden (045-124). Berlin und Potsdam waren die einzigen Normalspurbetriebe in der DDR, für die dieser Typ gebaut wurde. Ein Teil der original Potsdamer KT4D existiert noch heute, 32 Wagen kamen 1996-99 nach Ploiesti in Rumänien. Triebwagen 003 wurde ebenfalls Museumswagen.

42

Weil der gesamte Wagenpark der Potsdamer Straßenbahn ab Mitte der achtziger Jahre in katastrophalem Zustand und teilweise nicht mehr betriebsfähig war, mußte die BVB Berlin 80 Stück ihrer KT4D nach Potsdam abgeben. So wurden von Mitte 1989 bis Mai 1990 die Triebwagen 045-124 im original Berliner Anstrich in Dienst gestellt. Sie verkehrten meistens als erster Wagen im Zugverband mit einem Potsdamer KT4D.

Kurz vor der Langen Brücke kam dem Fotografen im September 1990 ein solches Gespann entgegen: vorn Triebwagen 095 (ex BVB 219 367), dahinter ein Potsdamer Wagen der Serie 003-044. Der Zug fährt auf der Linie 3 von der Menzelstraße zum Bahnhof Rehbrücke und wird gleich auf der Langen Brücke die Havel überqueren. Am Bildrand links der historische Marstall aus dem Jahre 1714, der heute das Filmmuseum beherbergt und den letzten Überrest des Potsdamer Stadtschlosses darstellt.

43

1985 war der Zustand der Potsdamer Fahrzeuge derart schlecht, daß aus Berlin neun Reko-Wagen übernommen werden mußten. Drei Triebwagen (ex BVB Reihe 217) wurden als 160-162 in Betrieb genommen, sechs Beiwagen als 272-277 (ex BVB Reihe 267). Sie waren allerdings auch nicht mehr gerade taufrisch und hielten nur rund vier Jahre durch, bis die Berliner KT4D in Potsdam ankamen.

Am 25. September 1986 hielt ein solcher Reko-Zug auf der Linie 3 an der Schwimmhalle am Brauhausberg auf seinem Weg nach Rehbrücke. Im Hintergrund die Auffahrt zur Langen Brücke, die die Bahngleise am Bahnhof Potsdam-Stadt und anschließend die Havel quert. Triebwagen 160 hat die Beiwagen 274 und 276 im Schlepp. Außer der zusätzlichen Potsdamer Betriebsnummer hat sich an den Fahrzeugen nichts geändert - selbst die Berliner Computernummer 217 140-5 ist noch vorhanden.

Ap Everaarts

Brandenburg

Von Potsdam aus ist es nicht weit bis Brandenburg. So besuchte der Verfasser auf seiner zweiten Rundreise zu den Straßenbahnbetrieben der DDR am gleichen Tag - dem 15. Mai 1966 - auch die Brandenburger Straßenbahn.

Brandenburg entstand ursprünglich auf drei Inseln in der Havel. Im 19. Jahrhundert führte der Eisenbahnanschluß und die günstige Lage an der schiffbaren Havel zu einer sprunghaften Entwicklung zum Industriezentrum und einer entsprechenden Ausdehnung der Stadt. Die Straßenbahn begann 1897 als Pferdebahn, die 1911 auf elektrischen Betrieb umgestellt wurde. Die benachbarte Kleinstadt Plaue - abseits der Eisenbahn geblieben - nutzte 1912 die Verlängerung der Brandenburger Straßenbahn zur heutigen Nervenklinik Görden, gründete eine eigene Gesellschaft und baute in Fortsetzung der Gördener Strecke eine Verbindung bis Plaue und schließlich bis Kirchmöser. Der Betrieb wurde immer einheitlich von der Brandenburger Straßenbahn geführt.

Im Krieg wurde Brandenburg stark zerstört, aber das vorhandene Netz der Straßenbahn wurde wieder in Betrieb genommen. Ab 1979 entstand sogar schrittweise eine Neubaustrecke. Das große Neubaugebiet Hohenstücken nördlich der Havel, das für 30.000 Einwohner konzipiert war, wurde durch die Straßenbahn mit einer 2,5 km langen Neubaustrecke erschlossen. Hier entstand auch der neue Betriebshof. Der erste Bauabschnitt wurde im November 1979 eröffnet, die Gesamtstrecke bis zur Wendeschleife Hauptfriedhof (heute Hohenstücken Nord) war sechs Jahre später fertig. Dagegen wurde die Strecke nach Plaue wegen der engen Ortsdurchfahrt im September 2002 stillgelegt.

Vierzig Jahre Unterschied zwischen Alt und Neu: Triebwagen 27 aus dem Jahre 1912 fährt mit LOWA-Beiwagen 77 aus dem Jahre 1952 auf der Linie 2 durch die Straße der Freundschaft auf die Brückenrampe der Luckenberger Brücke. Die Linie 2 verband den damaligen Endpunkt Quenzbrücke mit dem Hauptbahnhof. Obwohl die Stadt im Zweiten Weltkrieg teilweise stark gelitten hat, stehen in der Straße der Freundschaft noch die alten Häuser und bilden einen stimmungsvollen Hintergrund. Daß das Leben in diesen Häusern wohl weniger „stimmungsvoll“ war, zeigen die bereits zugemauerten Fenster am linken Bildrand.

Der Triebwagen gehört zur zweiten Triebwagennserie der Brandendenburger Straßenbahn: Wagen 27-33, gebaut 1912/13 von Lindner in Ammendorf, die noch bis 1970/74 in Betrieb standen. Der Beiwagen gehört zur Serie 72-77 (Werdau und Gotha, 1951-56). Die Beiwagen wurden später in die 200-er Nummern eingereiht: Brandenburg nummerte gerne um! Einige LOWA-Beiwagen blieben bis 1989/90 im Dienst; Beiwagen 203 (ex 74) war der letzte betriebsfähige LOWA-Beiwagen in der früheren DDR und erreichte 36 Einsatzjahre.

44

45

Nur wenige Städte in der DDR boten eine hässlichere Ansicht vom Bahnhofsvorplatz aus als Brandenburg. Altbau-Triebwagen 38 (Reihe 34-38, Lindner/1925-28) und Beiwagen 90 aus der ältesten Beiwagenserie (78-95, Lindner/1910-1925) stehen abfahrbereit auf der Linie 2 zur Quenzbrücke. Das Schild „OS“ hinter dem Vorderfenster zeigt, dass nur noch der Fahrer an Bord ist - sein Chef mahnt ihn zur Abfahrt. Rechts ein ungepflegter Gotha T/B57-Zweirichtungszug auf der Linie 5 zur Anton-Saefkow-Allee: Triebwagen 46 (Reihe 40, 45-47, später 105-107, 110) mit Beiwagen 64 (Reihe 64-66, 70, 71, später 206-210). Die Wagen standen noch bis Mitte der neunziger Jahre im Dienst.

46

Aus der ältesten Brandenburger Wagenserie (1-16, Lindner/1910) stammt der Arbeitswagen 15, der im April 1968 mit einem Turmwagen vor dem Hauptbahnhof steht. Der fast 60 Jahre alte Triebwagen hatte nur noch ein halbes Jahr Dienstzeit vor sich und wurde 1969 ausgemustert.

47

Am Stadtrand von Brandenburg im Wald liegt die Schleife Anton-Saefkow-Allee, wo die Linie 5 endete. Die lange Überlandstrecke nach Plaue und Kirchmöser West befuhr 1966 die Linie 6.
Vor der Abzweigweiche zur Schleife steht ein Gotha-T/B57-Zug aus Triebwagen 40 und den Beiwagen 70 und 71 der Linie 6. Der Abschnitt von hier bis Kirchmöser West ist eine der wenigen Straßenbahnstrecken, der nach der Wende stillgelegt wurde. Kurz vor Erscheinen dieses Buches - am 21. September 2002 - wurde sie wegen schwacher Frequenz, der engen Ortsdurchfahrt Plaue und der notwendigen Erneuerung der Seegartenbrücke eingestellt.

48

Am Ende des zweiten Bauabschnittes der Neubaustrecke nach Hohenstücken wurde 1982 die provisorische Schleife Karl-Sturm-Straße (heute Tschirchdamm) angelegt. Hier wartet am 3. Mai 1984 ein Gotha-Zug der Linie 6 zum Neustädtischen Markt. Alle drei Wagen, Triebwagen 112, Beiwagen 211 (ex Erfurt) und 220, sind vom Typ T/B 61, Baujahre 1961-64.

Auffallend ist - neben der Staatsflagge, die wohl noch vom Maifeiertag übrig geblieben ist - die neue Lackierung des Zuges mit dem Logo des VEB Verkehrsbetriebe Brandenburg. Die Gotha-Wagen verkehrten in Brandenburg bis 1995, Triebwagen 125 und Beiwagen 273 blieben erhalten.

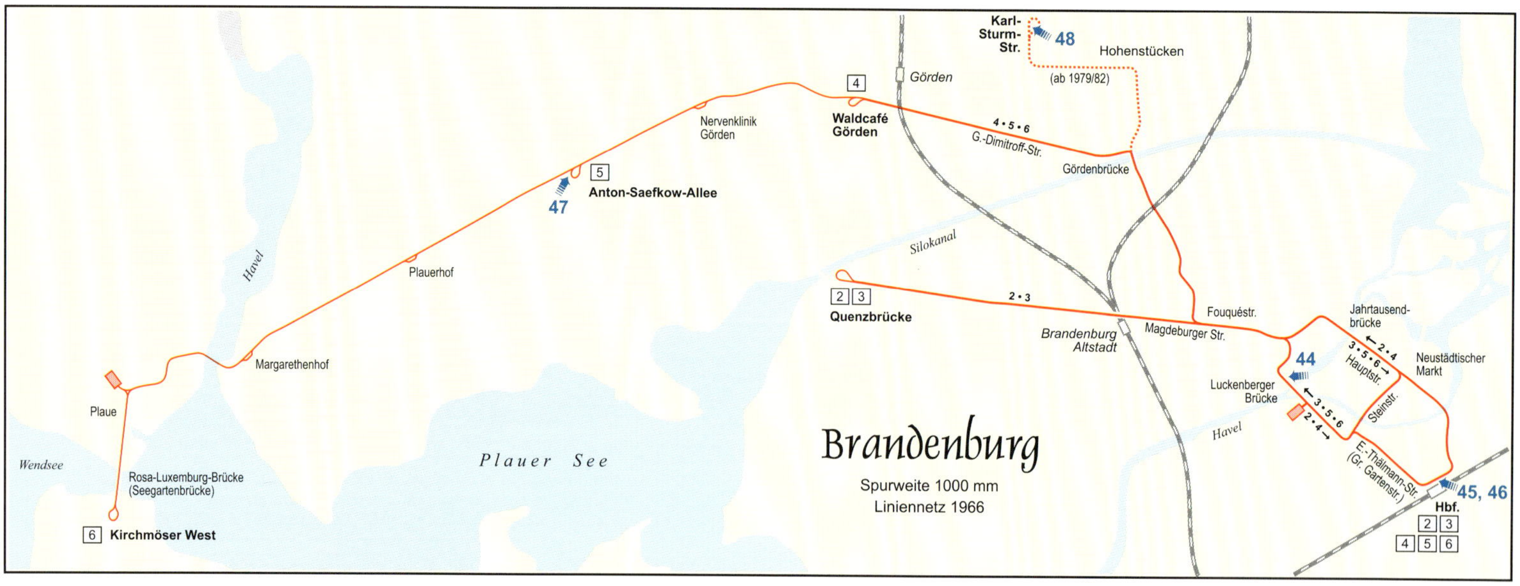

Frankfurt (Oder)

Frankfurt (Oder) ist mit rund 80.000 Einwohnern wichtigste Grenzstadt zu Polen und war schon im Mittelalter ein beliebter Handelsplatz dank seiner Lage an der schiffbaren Oder und der Kreuzung bedeutender europäischer Handelsstraßen, gleichzeitig Mitglied der Hanse. Bereits 1506 wurde die Universität gegründet, die durch Namen wie Ulrich von Hutten, Thomas Müntzer, Alexander von Humboldt und Heinrich von Kleist Ruhm erlangte. Die Stadt wurde im letzten Krieg stark zerstört, so daß nur wenige historische Gebäude erhalten blieben.

Die elektrische Straßenbahn machte, nach langwierigen Vorbereitungen, 1898 ihre ersten Gehversuche. Das Streckennetz aus der Anfangszeit änderte sich jahrzehntelang kaum. Ein bedeutender Einschnitt war 1945 die Grenzziehung, der die Linie über die Oderbrücke zum damaligen Stadion zum Opfer fiel.

Die Aufnahmen auf diesen Seiten stammen alle von 1966, als sich das Ende der Straßenbahn in Frankfurt (Oder) abzeichnete und die Bahnhofslinie eingestellt wurde. Anfang der siebziger Jahre wendete sich jedoch das Blatt - das Netz wurde modernisiert und teilweise neu gestaltet. 1976 wurde eine Neubaustrecke zur Kopernikusstraße eröffnet, die 1988 als Schnellstraßenbahn bis Markendorf verlängert wurde. 1980-82 erhielt die Strecke nach Neuberesinchen eine neue Linienführung mit Untertunnelung des Bahnhofs, die mit Bild 50 dokumentierte Strecke durch die Wilhelm-Pieck-Straße war damit Geschichte.

49

Friedliche Stille an der Endhaltestelle vor dem Frankfurter Hauptbahnhof. Es ist Sonntagnachmittag, der 15. Mai 1966. Auf dem Stumpfgleis der Linie 1 steht der Vorkriegs-Triebwagen 48. Die dreigleisige Wendestelle am Bahnhof wurde bald nach Entstehen dieses Bildes abgebaut, und die kurze Innenstadt-Linie 1 verschwand hier für vier Jahre bis 1969. In dieser Zeit wurde ernsthaft die Einstellung des gesamten Straßenbahnverkehrs erwogen!

Die Triebwagen der Reihe 42-57 wurden 1927-29 von drei verschiedenen Herstellern gebaut. Die Wagen wurden 1962 bis 1970 nach und nach aus dem Liniendienst zurückgezogen und teilweise zu Arbeitswagen degradiert.

50

Am gleichen Tag rollt die Linie 3 von der Innenstadt aus über die Wilhelm-Pieck-Straße südwärts Richtung Beresinchen Neuer Friedhof.

Der Zug ist aus dem Vorkriegs-Triebwagen 58 (Reihe 39-41, 58-60; Wismar/1936) und dem rund zwanzig Jahre jüngeren LOWA-Beiwagen 118 (Reihe 114-120, Gotha/1954-56) zusammengestellt.

Mit den Triebwagen 39-60 aus den Jahren 1927-36 konnten vor dem Zweiten Weltkrieg sämtliche Altwagen aus dem Gründungsjahr 1898 aus dem Verkehr gezogen werden. Damit hatte die Kleinstadt einen für die damalige Zeit sehr modernen Wagenpark. Die letzten Triebwagen aus den Vorkriegsjahren schieden 1982 aus, Triebwagen 60 blieb als Museumswagen erhalten.

Die im Bild festgehaltene Situation gibt es heute nicht mehr. Die Straßenbahngleise in der Wilhelm-Pieck-Straße (Leipziger Straße) wurden 1980 durch eine Neubautrasse weiter östlich ersetzt, die am Bahnhof an das bestehende Netz anschließt und seit 1988 auch die Zufahrt zum neuen Betriebshof darstellt.

51

Ein ähnlicher Zug aus Triebwagen 41 und LOWA-Beiwagen 117 ist am gleichen Tag auf dem anderen Ast der Linie 3 unterwegs. Der Zug kommt von der Endstelle Chausseehaus und befährt die baumreiche Oderallee, die an diesem Sonntagnachmittag wie ausgestorben wirkt. Die Linie 3 wurde wegen mangelnder Frequenz und abgefahrener Gleise auf dieser eingleisigen Strecke am 12. Februar 1970 bis zum Platz der Republik zurückgenommen. Dieser Zustand hielt jedoch nicht lange an, denn bereits am 1. Juni des gleichen Jahres wurde der Verkehr jedoch bis zum Stadion wieder aufgenommen. Die Strecke südlich des Stadions über die Oderallee kam dagegen nicht wieder in Betrieb.

52

Idyllisch wirkt auch die Umsetzstelle am nördlichen Endpunkt der Linie 2, am Schlachthof in der Lebuser Vorstadt. Hier umfährt gerade der LOWA-Triebwagen 38 (Reihe 36-38, Gotha/1951) seinen typengleichen Beiwagen.

Ein Jahr nach dieser Aufnahme wurde die Bahn um einen kurzen Abschnitt und eine neue Wendeschleife verlängert, um Einrichtungswagen einsetzen zu können. Triebwagen 38 wurde 1972 beim RAW Schöneweide modernisiert und kam 1978 nach Gera.

In der Frankfurter Stadtmitte, am Platz der Einheit, hält ein Zug der Linie 2 auf seiner Fahrt vom Schlachthof nach Westkreuz. Die Wagen bilden einen typenreinen Gotha-T/B57-Zweirichtungszug. Triebwagen 32 gehört zur Reihe 26, 29-35, Beiwagen 110 zur Serie 108-113, jeweils aus den Jahren 1958-61. Auch hier wurde im Juni 1965 der „OS"-Verkehr eingeführt. Die Gothawagen fuhren nach der Wende noch bis 1994 in den Hauptverkehrszeiten.

Triebwagen 29 (ex Halle 525) wurde an die Museumsstraßenbahn in Naumburg verschenkt (dort 35), kam aber 2002 wieder nach Frankfurt als Museumswagen mit seiner alten Nummer zurück.

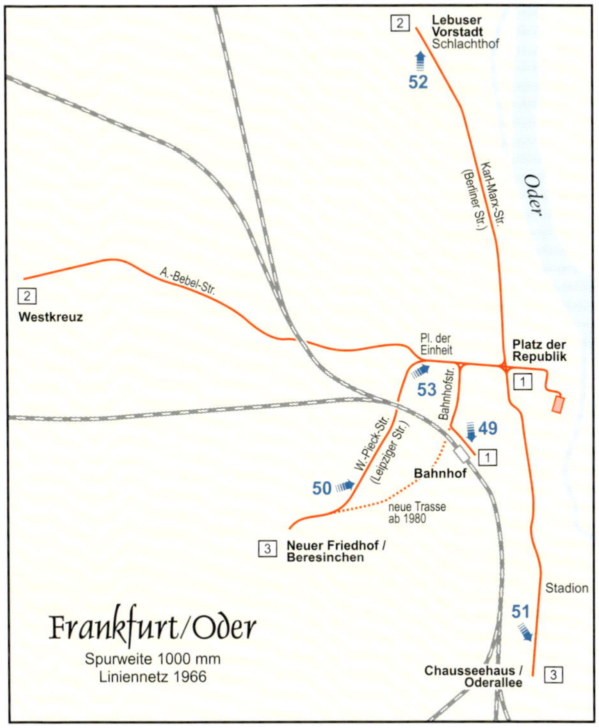

53

Cottbus

54 Reger Verkehr auf dem Vorplatz des im Krieg zerstörten Bahnhofs. Alt-Triebwagen 36 aus der Reihe 32-38 (Linke-Hofmann, Breslau/1913) hat als einer der letzten Wagen in der DDR noch seine Schleifbügel und dient nur noch als Warteraum; er wird demnächst ausgemustert.

Triebwagen 41 (ex Berlin 3257, ebenfalls Baujahr 1913!) ist einer beiden Plankurse der Linie 1 an diesem Sonntagnachmittag, dem 15. Mai 1966, und fährt bald Richtung Cottbus Ost ab. Erst 1973 wurde der Bahnhofsvorplatz umgebaut und erhielt neue Gleise und Haltestellen.

Cottbus, im Südosten des Spreewaldes in der Niederlausitz gelegen, ist die letzte Station bei unserer Rundreise zu den Straßenbahnbetrieben des heutigen Bundeslandes Brandenburg. Schon im Mittelalter entstanden hier die Handwerkszweige der Tuchmacher und Leineweber, im 19. Jahrhundert entwickelte sich Cottbus im Zuge der Industrialisierung zum Zentrum der Textilindustrie. 1867 erhielt die Stadt Anschluß an die Berlin-Görlitzer Eisenbahn. Nach dem Zweiten Weltkrieg wurde Cottbus zur DDR-Bezirkshauptstadt.

Die elektrische Straßenbahn hielt 1903 Einzug. Die Netzentwicklung war bis 1914 im wesentlichen abgeschlossen, abgesehen von der Verlängerung nach Madlow 1926. Zu DDR-Zeiten wurde das Netz weitgehend zweigleisig ausgebaut, einschneidende Veränderungen traten aber erst ab 1973/74 ein. Die Umgestaltung der Innenstadt führte damals zur Herausnahme der Straßenbahn aus der Spremberger Straße und Umlegung auf die Stadtpromenade. Die Linie zum Krankenhaus wurde 1977/78 zum neuen Wohngebiet Sachsendorf verlängert. Die Zukunft der Straßenbahn in Cottbus ist heute - dank stetiger Modernisierung auch nach der Wende - gesichert.

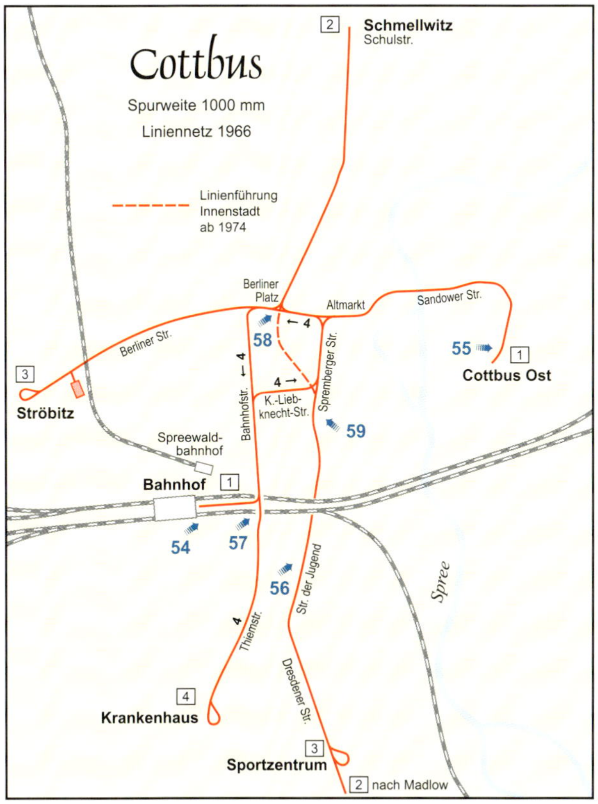

55

An der Endhaltestelle Cottbus Ost der Linie 1 im Stadtteil Sandow herscht am 15. Mai 1966 sonntäglicher Frieden. Der aus Berlin übernommene Triebwagen 42 wartet seine Abfahrtszeit ab, um zum Hauptbahnhof zurückzufahren. Die Triebwagen 41-44 von Falkenried, Hamburg, aus den Jahren 1908-13 sind schon betagt und wurden 1955 billig von der BVG Ost in Berlin abgegeben. Sie blieben noch bis 1968 in Betrieb und wurden damit 60 Jahre alt! An der Stirmfront hängt bereits ein Schild mit dem Hinweis „Schaffnerlos - Zahlbox“, obwohl erst am 4. September offiziell der „OS“-Betrieb eingeführt wurde.

Im Oktober 1972 wurde der Straßenbahnbetrieb im Stadtteil Sandow bis zum Platz des Friedens verkürzt und eine kurze Neubaustrecke mit Endschleife gebaut. Die im Bild gezeigte Endhaltestelle verschwand damit.

56

Ein Gotha-Zweirichtungszug der Linie 2 nimmt in der Straße der Jugend Fahrt auf und verläßt die Innenstadt auf seinem Weg von Schmellwitz nach Madlow. Die Häuser hier im südlichen Stadtteil von Cottbus haben den Krieg heil überstanden.

Triebwagen 52 stammt aus der Reihe 47 - 58, der Beiwagen 83 aus der Reihe 79 - 87. Beide Serien wurden 1957-61 gebaut und gehören zum Gotha-Typ T/B 57. Der Beiwagen hat schon den 1965 eingeführten roten Anstrich erhalten. Die Triebwagen wurden 1987 zum Teil in 91 - 98 umnumeriert, drei Stück kamen zwei Jahre später nach Schöneiche. Die Beiwagen erhielten die neuen Nummern 170 - 178. Sämtliche Gothawagen wurden zwischen 1989 und 1991 ausrangiert.

LOWA-Triebwagen 45 in einer neuen Farbkombination! Er überquert gerade die Eisenbahnbrücke beim Abzweig Bahnhofsplatz auf seiner Fahrt auf der Linie 3 von Ströbitz zum Krankenhaus.

Der Wagen ist einer der beiden aus Naumburg übernommenen Triebwagen (45-46 ex 1-2), die 1951 dorthin geliefert worden waren, aber wegen ihres großen Radstands auf der kurvenreichen Ringlinie nicht recht befriedigten. 1957 kamen sie schließlich nach Cottbus. Dort standen sie gut dreißig Jahre bis 1990 im Dienst und wurden zuletzt noch als Arbeitswagen eingesetzt. Es waren die einzigen LOWA-Wagen bei der Straßenbahn Cottbus.

57

58

Im Juli 1974 wurde der Verkehr in der Innenstadt von Cottbus neu geordnet. Auf kriegszerstörten Flächen wurde die neue Stadtpromenade gebaut. Die Straßenbahn wurde aus der Spremberger Straße herausgenommen und stattdessen über die Stadtpromenade geführt. Am neuen Berliner Platz entstand ein sogenannter „Grand Union" - eine Kreuzung mit Abzweig in alle vier Richtungen. Hier wurde am 1. April 1975 das Bild aufgenommen. Links im Bild ein großes Ausstellungsgebäude mit Hotel und Stadthalle, das im Stil der Zeit anstelle kriegszerstörter Häuser entstand.

Rechts ist der Triebwagen 56 (Gotha T57) auf der kurzen Pendel-Linie 1 Bahnhof - Altmarkt (1,9 km) unterwegs. Im Hintergrund T2D-Einrichtungs-Triebwagen 75 (Reihe 65-78, CKD-Tatra 1968) mit zwei ähnlichen Beiwagen auf der Linie 4 Madlow - Schmellwitz. Sämtliche Fahrzeuge haben jetzt den neuen roten Anstrich. Triebwagen 56 kam 1980 nach Halle, Triebwagen 75 1987 nach Halberstadt. Die Gothawagen standen in Cottbus bis 1991 im Einsatz.

59

Auch in Cottbus hielten ab 1978 die Tatra-KT4D Einzug. Ein Doppelzug aus Triebwagen 33 + 32 biegt aus der Stadtpromenade in die Straße der Jugend ein - er fährt als Linie 3 von Ströbitz nach Madlow. Im Hintergrund der Turm des früheren Spremberger Tores, das Wahrzeichen der Stadt, und die Spremberger Straße, durch die die Straßenbahngleise bis zum Bau der Stadtpromenade 1974 verliefen.

Cottbus erhielt von 1978 bis 1990 insgesamt 65 Wagen des Typs KT4D (Reihe 1-65), die letzten sieben (Nr. 66-72) kamen gebraucht aus Erfurt. Doppelzüge wurden ab 1979 eingesetzt, kurzzeitig wurde 1989-90 auf der Linie 4 sogar in Dreifachtraktion gefahren. Nachdem 1991 die letzten Gothawagen ausgemustert wurden, prägen die Tatrazüge heute als einzige Bauart das Betriebsgeschehen. Nach der Wende wurden 1992-1995 26 Wagen modernisiert, zehn wurden mit Niederflur-Mittelteilen zu Sechsachsern verlängert. Von den übrigen gingen sechs Wagen 1994 nach Schöneiche und zwei nach Görlitz. Der 1989 verunglückte Wagen 29 wurde durch den Berliner 219 417 ersetzt.

Görlitz

Görlitz erlangte dank seiner Lage an einem wichtigen Neißeübergang und am Kreuzungspunkt alter Handelsstraßen schon im Mittelalter Bedeutung. Lange gehörte die Stadt zusammen mit der schlesischen Lausitz zum Königreich Böhmen, erst 1815 wurde es mit dem Wiener Kongress preußisch. Zahlreiche historische Bauten im Stil der Gotik oder der Renaissance belegen heute noch den früheren Reichtum der alten Handelsstadt. Durch den Zweiten Weltkrieg verlor Görlitz die jenseits der Neiße gelegenen Stadtteile (heute Zgorzelec) und sein östliches Hinterland und gewann eine neue Bedeutung mit den Grenzübergängen nach Polen. Der Krieg verschonte Görlitz fast ganz, weil es für die alliierten Flieger zu weit abseits lag. Daher blieb das schöne alte Stadtbild fast unversehrt erhalten, dafür aber setzten 40 Jahre DDR den alten Bauten zu.

Das Zeitalter der Straßenbahn begann in Görlitz schon 1882 mit zwei normalspurigen Pferdebahnlinien. 1897 wurde das Netz elektrifiziert, auf 1000 mm umgespurt und bald um die Strecken nach Moys (am Ostufer der Neiße) und zur Landeskrone erweitert. Die Grenzziehung 1945 hatte auch Auswirkungen auf die Straßenbahn: die Linie nach Moys wurde bis zur Neißebrücke verkürzt. In den sechziger Jahren war das weitere Schicksal der Görlitzer Straßenbahn ungewiß; die Linie zur Neißebrücke wurde ganz eingestellt. Erst ab 1982 wendete sich das Blatt mit der schrittweise verwirklichten Neubaustrecke nach Königshufen, der Umtrassierung der Linie nach Weinhübel und der Erneuerung des Fahrzeugparks mit KT4D-Gelenktriebwagen. Seit einiger Zeit unter dem Dach der Connex-Gruppe sieht die Zukunft der Straßenbahn in Görlitz wieder positiv aus.

60

Die Stadtmitte von Görlitz mit einem Blick Richtung Marien-/ Demianiplatz. Im Bild der dieses Ensemble beherrschende Dicke Turm mit seiner Barockhaube, nach dem früher hier gelegenen Frauentor auch Frauenturm genannt. Leider spielt das Wetter am 6. Mai 1968 nicht so recht mit, als uns Triebwagen 14 mit Beiwagen 66 (Gotha T/B 57) auf der Linie 1 Rauschwalde - Weinhübel entgegenkommt. Im Vordergrund ist der Abzweig der Strecke nach Görlitz-Moys jenseits der Neiße zu sehen, die nach dem Krieg bis zur Neißebrücke (Stadthalle) verkürzt und im Juli 1966 endgültig stillgelegt wurde. Der Abzweig wird bis heute noch als Kehrdreieck genutzt.

Görlitz besaß zwölf Gotha T 57-Zweirichtungs-Triebwagen (4-9, 13-15, 19-21), von denen die Triebwagen 13-15 ein Jahr vor dieser Aufnahme aus Halle übernommen wurden. Von den passenden Beiwagen waren elf vorhanden (56-61, 65-67, 70-71). Die Gotha-Zweirichtungsfahrzeuge stammten zum Teil aus Gera, Halle, Nordhausen und Plauen und waren bis 1989 noch vollzählig im Einsatz.

61

An den Demianiplatz schließt sich gleich der Platz der Befreiung (heute wieder Postplatz) an, so daß sich der Fotograf nur umdrehen mußte, um dieses Bild zu machen. Ein Gotha-Zweirichtungszug (Tw 13 + Bw 67, beide ex Halle) ist auf der Linie 1 in der Gegenrichtung nach Rauschwalde unterwegs. Der Streckenast vom Demianiplatz nach Rauschwalde wurde wegen des schlechten Gleiszustandes ab März 1986 in Teilschritten „vorläufig" stillgelegt, inzwischen größtenteils auch abgebaut. Eine Wiederinbetriebnahme auf veränderter Trasse ist bis heute fraglich.

Fast glaubt man sich in die dreißiger Jahre versetzt - bei diesem Ensemble von eingleisiger Straßenbahn in Seitenlage, gepflasterter Allee und Gründerzeithäusern in der Biesnitzer Straße. Beim zweiten Hinschauen erkennt man allerdings einige Qualitätsprodukte des sozialistischen Automobilbaus und findet sich demnach doch am 6. Mai 1968 wieder.

Die in Görlitz legendär gewordenen WUMAG-Triebwagen 23-38, die 1926-28 vom örtlichen Waggonbauer geliefert wurden, bestimmten das Bild der Straßenbahn teilweise noch bis 1978. Hier kommt uns Triebwagen 35 auf der Linie 2 zur Landeskrone entgegen, behängt mit dem noch wesentlich älteren Beiwagen 77. Die Beiwagen 75-77 waren erst wenige Monate vor dieser Aufnahme aus Erfurt gekommen - offenbar noch frisch lackiert. Es handelt sich um frühere Triebwagen, gebaut von Weyer in Düsseldorf 1904-08, die 1949 zu Beiwagen hergerichtet wurden und dabei neue Aufbauten von Gotha erhielten. Als Einrichtungs-Beiwagen konnten sie in Görlitz nur auf der Linie 2 (mit Wendeschleife bzw. Kehrdreieck) eingesetzt werden; zwei von ihnen waren bis 1969 bzw. 1971 im Liniendienst zu sehen.

62

63

Stadtauswärts führt die Linie 2 zur 420 m hohen Landeskrone, einem bei den Görlitzern seit jeher beliebten Ausflugsziel mit Aussichtsturm und Berggaststätte. Schon zu Pferdebahnzeiten stellte ein Pferdeomnibus den Anschluß zur Landeskrone her, ab 1899 fuhr die elektrische Straßenbahn direkt dorthin.

Die letzte Ausweiche im Verlauf der Straße der Roten Armee (Promenadenstr.) ist die Haltestelle Grundstraße, wo dem Zug aus dem vorigen Bild eine modernere Variante entgegenkommt. Der typenreine Gotha-T/B 62-Einrichtungszug ist unterwegs Richtung Krankenhaus.

Triebwagen 12 gehörte zu insgesamt elf Wagen dieses Typs (10-12, 16-18, 22-26), von denen die letzten fünf erst 1977-84 aus Halle kamen. Der Triebwagen schied 1990 durch Unfall aus, Beiwagen 64 (Reihe 55, 62-64, 68-69) ging im gleichen Jahr nach Schöneiche.

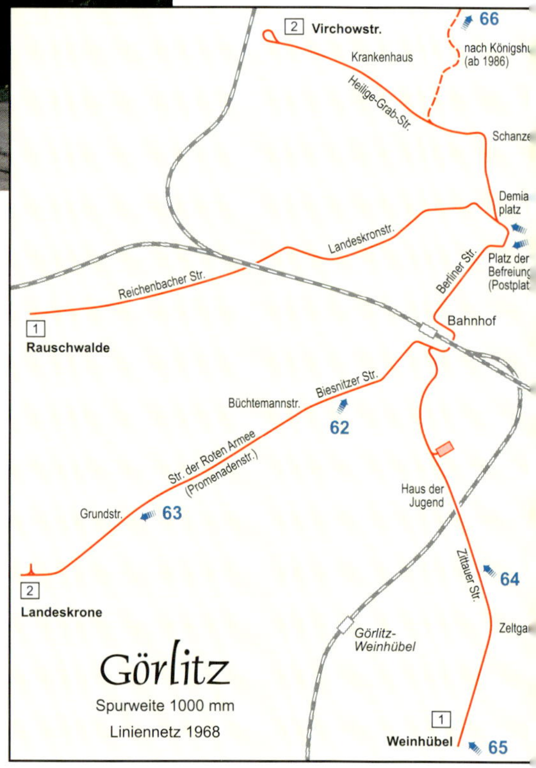

64

Eine weitere lange Außenlinie führt von Görlitz nach Weinhübel, jahrzehntelang eingleisig in Seitenlage der Fernstraße 99 nach Zittau. Am 1. April 1975 sind hier die Gotha-T/B 57-Zweirichtungswagen Tw 15 + Bw 70 auf der Linie 1 unterwegs. Obwohl die Straße im Vergleich zu heute geradezu leer ist, schafft es der ebenfalls zur Görlitzer Straßenbahn gehörende Ikarus 630-Omnibus (Nr. 11 ex 6) mit W 701-Anhänger nicht, den Zug zu überholen, so dass sich dahinter bereits eine Schlange bildet. Verkehrshindernis Straßenbahn?

Die ländlich-romantische Umsetz-Endhaltestelle der Linie 1 in Weinhübel am 6. Mai 1968. Der LOWA-ET 54-Triebwagen 3 (Reihe 1-3, Gotha/1956) hat seinen typengleichen Beiwagen 53 (Reihe 50-55, Gotha/1955-56) abgehängt und setzt um.

Wenige Tage später wird der Triebwagen bei einem Unfall schwer beschädigt und anschließend in Berlin im RAW Schöneweide umgebaut. Danach verkehrte er wieder von 1970 bis 1978 im Liniendienst. **65**

Schon 1982 kam das Ende für dieses Straßenbahn-Idyll. Die Zittauer Straße wurde ausgebaut, und die Straßenbahn erhielt eine neue unabhängige Trasse zwischen Görlitz und Weinhübel. Ende 1992 wurde die Gesamtstrecke bis zur neuen Schleife im Neubaugebiet Weinhübel in Betrieb genommen. **66**

Bis 1982 war der Fortbestand der Görlitzer Straßenbahn unsicher, dann fiel der Entscheid zum weiteren Betrieb, ja sogar zu Modernisierung und Ausbau. Das Neubaugebiet Königshufen im Norden der Stadt wurde über eine zügig trassierte Neubaustrecke angeschlossen, deren erster Abschnitt im März 1986 in Betrieb ging - zeitgleich mit der teilweisen Einstellung der Strecke nach Rauschwalde. Der erste Tatra-KT4D-Wagen kam schon 1983 nach Görlitz, aber erst ab 1987 wurde der Bestand nach und nach auf 19 Wagen erweitert, teilweise durch Umsetzungen aus Erfurt und Cottbus 1988-90.

Das Foto zeigt die Endschleife der Neubaustrecke in Königshufen am 29. Mai 1988. KT4D Nr. 005 wartet auf die Rückfahrt als Linie 1 ins Stadtzentrum, dahinter ist ein Gotha-Zug der Linie 2 angekommen. Weitere Gotha-Züge sind auf dem inneren Schleifengleis abgestellt.

Heute ist der Fortbestand der Görlitzer Straßenbahn gesichert, der Betrieb wird nun ausschließlich mit modernisierten Tatra-KT4D-Wagen abgewickelt. Als erster Straßenbahnbetrieb wurde Görlitz „privatisiert" und gehört heute zur Connex-Gruppe.

Kirnitzschtalbahn

Die 8 km lange Kirnitzschtalbahn ist einer der kleinsten Straßenbahnbetriebe in der DDR und wird heute noch ausschließlich mit zweiachsigen Fahrzeugen betrieben. Im Mai 1898 eröffnet, dient sie vorwiegend dem Touristenverkehr in der Sächsischen Schweiz und hat mehrmals eine drohende Einstellung überlebt. Endpunkt im waldreichen Kirnitzschtal ist das Ausflugsziel „Lichtenhainer Wasserfall“ mit Hotel und Gaststätte. Der namengebende Wasserfall wurde übrigens in der Frühzeit der touristischen Erschließung eigens künstlich angelegt, um Gäste anzulocken.

67

Am 6. Mai 1968 steht Triebwagen Nr. 3 (Reihe 1-5) mit den Beiwagen 15 und 11 (Reihe 11-16) abfahrbereit am Lichtenhainer Wasserfall. Eine Menge Reiselustiger will zurück nach Bad Schandau; daher wird in der sommerlichen Hauptsaison fast ständig mit zwei Beiwagen gefahren.

Die 1928 von MAN Nürnberg gebauten Wagen ersetzten nach einem Großbrand der Wagenhalle am 27. Juli 1927 die zerstörten Ursprungswagen aus dem Eröffnungsjahr 1898. Triebwagen 5 und Beiwagen 12 wurden 1979 zum Museumszug, Beiwagen 13 ging als Museumswagen nach Cottbus.

68

In Seitenlage der kurvenreichen, aber wenig befahrenen Landstraße rollt der gleiche Zug durch die herrliche Felsenlandschaft der Sächsischen Schweiz und passiert die sogenannten „Fischkopf-Felsen“.

Rund ein Jahr später, am 21. Juli 1969, entgleiste in der Nähe der Triebwagen 4 auf dem stark verschlissenen Gleis, was zu einer drei Jahre dauernden Betriebseinstellung führte. Nach einer Teilerneuerung fuhren die Züge ab dem 24. Juli 1972 wieder.

Auf dem Foto fallen die typischen AEG-Oberleitungsmasten aus dem 19. Jahrhundert auf, die teilweise heute noch vorhanden sind.

69

Zur Erneuerung des Fahrzeugparks wurden 1977 nach Einstellung der Lockwitztalbahn südlich von Dresden von den Verkehrsbetrieben der Stadt Dresden fünf Vorkriegs-Triebwagen gekauft, die bis 1968 in Erfurt verkehrten. Diese Triebwagen 4-8 (ex Dresden 240 004 - 008) wurden 1938-44 von Gotha gebaut und stellten immerhin eine gewisse Verjüngung dar.

Ein solcher Lockwitztalbahn-Triebwagen (Nr. 4) verläßt mit zwei MAN-Beiwagen (Reihe 11-16) im Sommer 1978 die Endstelle Lichtenhainer Wasserfall Richtung Bad Schandau. Diese Vorkriegsbeiwagen wurden erst 1983/84 ersetzt: vier Gotha-B 62-Einrichtungswagen aus Leipzig wurden auf Meterspur-Untergestelle aus Halle gesetzt und als Beiwagen 21-24 in Betrieb genommen.

Die von der Lockwitztalbahn übernommenen Triebwagen wurden nach der Wende 1993-95 ihrerseits durch drei Gotha-T 57-Zweirichtungstriebwagen aus Plauen ersetzt (1-3). Bis auf Triebwagen 7 blieben sämtliche, rund 55 Jahre alten Triebwagen ex Lockwitztalbahn erhalten: Nr. 8 blieb als Museumswagen in Bad Schandau, die Wagen 4 und 5 gingen zurück nach Kreischa, wo sie als 240 004 und 005 bei der Wagenhalle die Erinnerung an die Lockwitztalbahn lebendig halten, Nr. 6 schließlich ging als Museumswagen nach Halle.

Lockwitztalbahn

Gewisse Ähnlichkeiten mit der Kirnitzschtalbahn hatte die 9 km lange, ebenfalls meterspurige Lockwitztalbahn. Eine beschauliche Überlandbahn, die allerdings weniger den Ausflüglern als vielmehr der Bevölkerung der Dörfer zwischen Kreischa und Niedersedlitz diente. Sie wurde 1905 von einem Gemeindeverband gebaut und 1906 eröffnet. Im Dresdner Vorort Niedersedlitz hatte sie Verbindung zur damals eben-falls meterspurigen Dresdner Vorortbahn von Laubegast nach Klein-zschachwitz. In der Zeit der galoppierenden Inflation 1923 geriet der kleine Betrieb in eine finanzielle Krise. Als ein rettendes Darlehen der Dresdner Überland-Verkehrs-Gesellschaft mbH (DRÜVEG) nicht fristgerecht zurückgezahlt werden konnte, wurde die Lockwitztalbahn 1929 von dieser übernommen. Die DRÜVEG ihrerseits ging 1941 in der Dresdner Straßenbahn auf, die damit in den Besitz ihrer einzigen meterspurigen Straßenbahnlinie kam. Als Linie 31 führte sie immer ein gewisses Eigenleben. 1968/69 wurde mit gebrauchten Erfurter Fahrzeugen noch ein Modernisierungsversuch unternommen, aber 1977 kam das Ende für diese liebenswerte Überlandbahn. Am 18. Dezember 1977 rollte der letzte Zug durchs Lockwitztal.

70

Der kleine viergleisige Betriebshof lag direkt an der Endhaltestelle in Kreischa und strahlte einen unverwechselbaren Charme aus - trotz der Propaganda für den segensreichen Sozialismus. Hier rückt am 6. Mai 1968 der Triebwagen 510 mit Beiwagen 8 aus, um eine Fahrt nach Niedersedlitz zu machen.

Ähnlich wechselvoll wie die Entwicklung der Bahn ist auch die Geschichte dieses Triebwagens: er wurde 1904 von Busch, Bautzen, für die Zittauer Straßenbahn gebaut, die 1919 wegen der allgemeinen Krise ihren Betrieb einstellte. Die ältesten Triebwagen wurden 1920 verkauft, Triebwagen 110 ging an die Lockwitztalbahn als Nr. 11. Nach Übernahme der DRÜVEG durch die Dresdner Straßenbahn paßte diese die Bezeichnung der Lockwitztalbahn-Wagen ihrem Nummernsystem an: aus Nr. 11 wurde 510. Nur kurze Zeit nach dieser Aufnahme wurde der 65 Jahre alte Wagen zerlegt.

Der Beiwagen 8 kam 1950/51 zusammen mit den Wagen 9-11 von der Dresdner Straßenbahn (1910/11 in eigener Werkstatt gebaut) und wurde 1970 nach mehr als 60 Jahren treuem Dienst verschrottet (der fast 70 Jahre alte Beiwagen 9 erst 1979!).

71

Das Lockwitztal zwischen Kreischa und Niedersedlitz war sehr ländlich und romantisch. Die eingleisige Strecke hatte mehrere Ausweichen für Zugkreuzungen, wie hier an der Hummelmühle.

Aus Kreischa kommt der Triebwagen 505 (Reihe 501-505 ex 1-5, Busch/1906) mit Beiwagen 9, der Gegenkurs aus Niedersedlitz besteht aus Triebwagen 504 und Beiwagen 8. Wie die Beschilderung am Beiwagen zeigt, führt die Bahn die offizielle Liniennummer 31, die aber meistens nicht an den Triebwagen angeschrieben war. Sämtliche Züge fahren schaffnerlos („OS“).

72

Wenige Kilometer weiter Richtung Kreischa halten Triebwagen 504 und Beiwagen 8 an der Haltestelle Brandmühle.

73

Der Frühling zeigt sich am 17. März 1972 noch nicht so ganz, als der recht modern wirkende Zug 240 006 + 290 009 bei Sobrigau Richtung Niedersedlitz rollt.

Seit dem letzten Besuch hat sich die Bahn erneuert und acht gut erhaltene Triebwagen aus Erfurt übernommen (850 - 857, ab 1971 240 001-008). Die umgebauten und modernisierten Wagen wurden 1938-40 von Gotha für Erfurt gebaut und 1968/69 auf der Lockwitztalbahn in Betrieb genommen.

Auch der Beiwagenbestand wurde aufgefrischt: Aus dem Dresdner Stadtnetz wurden 1969-71 die Wagen 492-494 und 496-500 umgespurt und ins Lockwitztal als 290 002 - 004 und 006-010 umgesetzt. Die Wagen waren 1948 von der Waggonfabrik Werdau auf alten Fahrgestellen neu aufgebaut worden. Die EDV-Nummern wurden 1971 eingeführt.

74

Ein letztes Bild von der Linie 31 aus dem Sommer 1972 - fünf Jahre später, am 18. Dezember 1977, wurde diese schöne Überlandbahn leider stillgelegt. Im Gegensatz zu den alten Wagen zeigt das neue Rollmaterial - hier Triebwagen 240 002 mit Beiwagen 290 004 vor der Ausweiche Gombsen - nun auch die Liniennummer im Zielfilmkasten. Auch sonst hat der Fortschritt im Lockwitztal Einzug gehalten: die gepflasterte Landstraße hat eine Asphaltdecke erhalten - Vorbote der Umstellung auf Busbetrieb?

Fünf Triebwagen (004-008) kamen nach der Betriebseinstellung zur Kirnitzschtalbahn (4-8), wo sie noch bis 1995 im Dienst standen. Die Wagen 4 und 5 kehrten dann wieder in den alten Betriebshof Kreischa zurück, um als Museumswagen 240 004 und 005 die Erinnerung an die kleine Bahn wach zu halten. Die Beiwagen wurden alle ausgemustert.

Dresden

75

Dresdens berühmtes Altstadtpanorama - ein Blick über die praktisch autofreie Dimitroffbrücke (heute wieder Augustusbrücke) auf die wunderschön restaurierte Hofkirche mit ihrem über 85 m hohen Turm und das Georgentor, das als erster Teil des Schlosses 1964-69 wiederaufgebaut wurde. Anfang Mai wehen noch die unvermeidlichen Fahnen vom Tag der Arbeit.

Am 7. Mai 1969 kommt uns hier ein MAN-Zug auf der Linie 4 von Pillnitz nach Radebeul West entgegen. Drei Tage zuvor hat eine große Linienreform stattgefunden, und man hatte anscheinend noch keine Zeit, die Liniennummer auszutauschen: nach dem alten System fuhr nämlich die Linie 14 nach Radebeul West!

Triebwagen 713 stammt aus der Serie 701-771, gebaut 1913-21 von Busch (Bautzen), MAN (Nürnberg) und der betriebseigenen Werkstatt der Städtischen Straßenbahn. Die Beiwagen 1013 und 1187 gehören zu den Serien 1001-1100 bzw. 1150-1219, die 1925 von den Waggonfabriken Werdau, Lindner (Ammendorf) und Christoph & Unmack (Niesky) geliefert wurden. Während der mittlere Wagen noch im Originalzustand ist, sind die beiden anderen bereits als Reko-Wagen zu Einrichtungswagen umgebaut. Sämtliche Fahrzeuge standen bis 1972/74 in Betrieb. Triebwagen 734 wurde Museumswagen.

Dresden, das berühmte „Elbflorenz", liegt an der oberen Elbe, gesäumt von den Ausläufern des Osterzgebirges und des Elbsandsteingebirges. Seine Lage an einem wichtigen Flußübergang machte es schon früh zu einem wichtigen Handelsplatz. Nachdem es 1485 zum Sitz der wettinischen Herzöge geworden war, wurde Dresden zur repräsentativen Residenzstadt ausgebaut. Davon zeugen heute noch viele historische Bauten wie Zwinger, Hofkirche, Augustusbrücke, Frauenkirche und Semperoper.

Im Februar 1945 wurde die Stadt - obwohl militärisch völlig unbedeutend - bei einem flächendeckenden Bombardement fast völlig vernichtet. Jahrzehnte dauerte der Wiederaufbau, die meisten historischen Bauten wurden dabei restauriert. Dresden war zu DDR-Zeiten Bezirksstadt, nach der Wende wurde es Hauptstadt des Bundeslandes Sachsen.

Das ausgedehnte Dresdner Straßenbahnnetz hat seinen Ursprung in einer 1872/73 eröffneten Pferdebahn zwischen Blasewitz, Hauptbahnhof und Plauen. Ab 1889 machten sich in Dresden zwei unabhängige Gesellschaften Konkurrenz, die beide im Jahre 1905 von der Stadt aufgekauft und zur Städtischen Straßenbahn zusammengefaßt wurden. Den Bau einiger Außenstrecken finanzierten die Vorortgemeinden; damit entstanden schrittweise die „Dresdner Vorortbahn" nach Niedersedlitz und Kleinzschachwitz (bis 1925 Meterspur), die „Lockwitztalbahn" (Meterspur, siehe voriges Kapitel) und die Vorortbahn nach Pillnitz. Weitere Vorortbahnen wurden vom sächsischen Staat gebaut, so die „Lößnitzbahn" nach Radebeul (bis 1929 Meterspur) und die Linien nach Cossebaude, Klotzsche, Bühlau - Weißig und in den Plauen'schen Grund. Um 1910 war das Grundnetz mit rund 190 km Linienlänge fertiggestellt. Die Spurweite betrug ursprünglich 1440 mm, durch Spurerweiterungen ergaben sich schließlich 1450 mm, die heute noch gültige sog. „Stadtspur".

Nach den Zerstörungen des Krieges wurde das Netz fast vollständig wieder in Betrieb genommen. Auch danach sind kaum Stillegungen zu verzeichnen, darunter Plauen - Hainsberg 1974, Blasewitz - Pillnitz 1985 und schließlich die Linie nach Cossebaude 1990. Dafür entstanden in den achtziger Jahren Neubaustrecken nach Prohlis und Gorbitz. Dresden ist nach Berlin und Leipzig der drittgrößte Straßenbahnbetrieb der DDR mit rund 240 km Linienlänge.

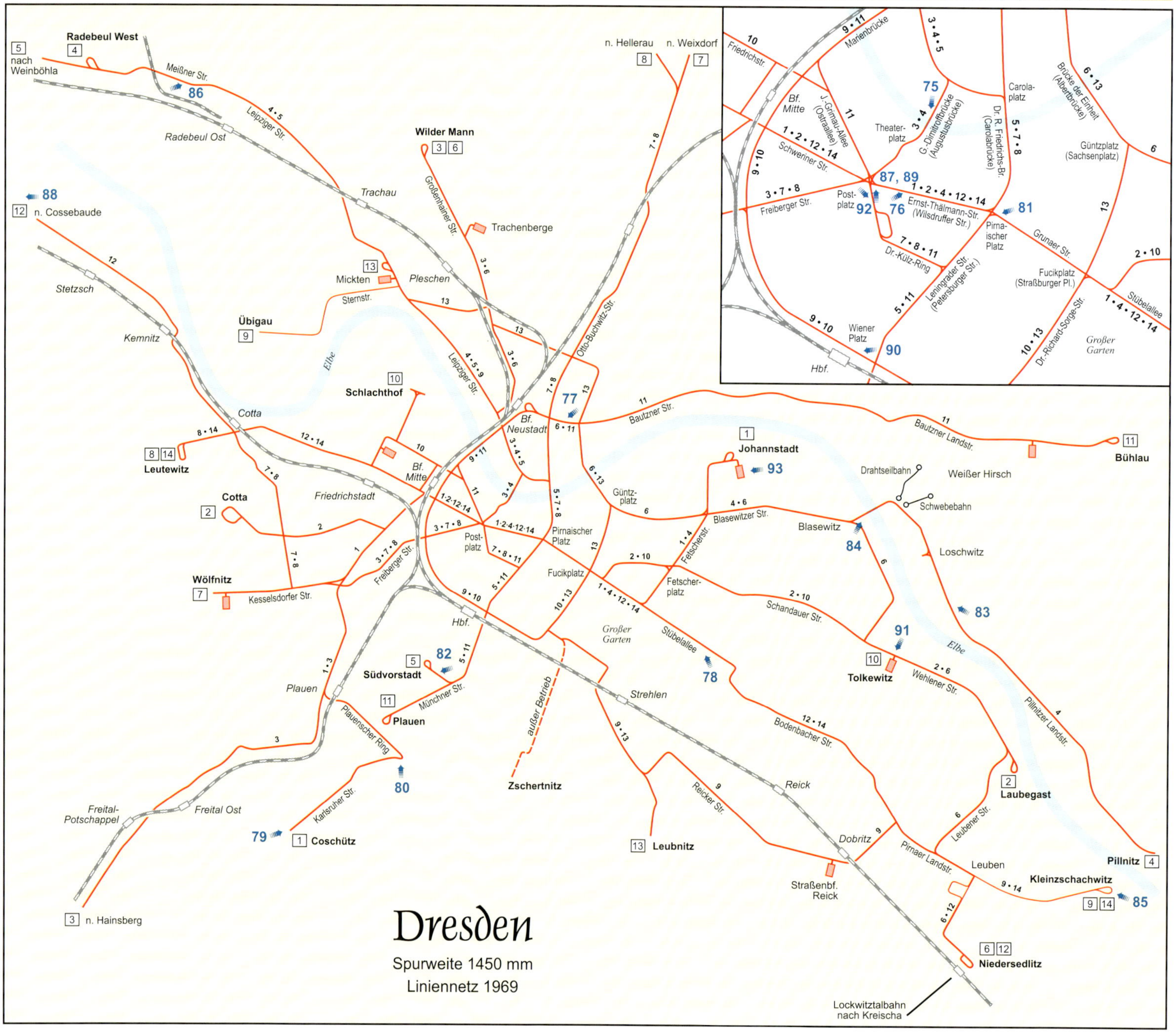

Kaum zu glauben, dass man 1927 in der eigenen Werkstatt noch solche kleinen Triebwagen baute, vier Jahre bevor der berühmte Hechtwagen entstand! Triebwagen 958 gehört zu einer Reihe von neun Fahrzeugen, die auf alten Fahrgestellen von Unionwagen aus den Jahren 1908-13 nach alten Plänen gebaut wurden.

Am 7. Mai 1968 fährt Triebwagen 958 auf der HVZ-Linie 50 von Tolkewitz nach Cotta durch die Ernst-Thälmann-Straße am Postplatz. Der Hintergrund bildet einen deutlichen Kontrast zum ersten Bild: nüchterne Zweckbauten bestimmen das in den fünfziger Jahren wiederaufgebaute Zentrum von Dresdens Altstadt, gleichzeitig sollte die breite Straßenschneise für Demonstrationen und Aufmärsche dienen.

Der vordere Beiwagen 1093 hat noch seinen Original-Wagenkasten; diese Beiwagen der Reihen 1001-1100 und 1150-1219 wurden zwischen 1920 und 1925 von den Waggonfabriken Werdau, Lindner in Ammendorf, Christoph & Unmack in Niesky und in der betriebseigenen Werkstatt hergestellt. Der hintere Beiwagen ist der Aufbau-Wagen 1349 aus der Serie 1341-1350, die 1947 auf alten Fahrgestellen bei der Waggonfabrik Werdau entstand.

Der Triebwagen wurde einige Monate später zum Fahrschulwagen umgebaut und blieb bis 1971 im Dienst. Die Aufbau-Beiwagen kamen 1970/71 zur meterspurigen Lockwitztalbahn. Von den kleinen Union-Triebwagen dieses Typs blieb der Wagen 937 aus der gleichen Reihe in der Dresdner Museumssammlung erhalten.

76

77

Die Bautzener Straße in der Neustadt mit der Linie 3 von Freital nach Tolkewitz am 7. Mai 1968. Triebwagen 644 zieht zwei Beiwagen der Serie 1001-1100, noch im Originalzustand (siehe Bild 76). Die roten Buchstaben „OS“ (= ohne Schaffner) zeigen den Fahrgästen an, dass von ihnen Selbstbedienung erwartet wird. Dieses System wurde 1967 eingeführt.

Der Triebwagen gehört der Reihe 624-700 an (ex 705, 1611-1700), die 1925 von den Herstellern MAN Nürnberg, WUMAG Görlitz, Busch Bautzen und LHB Breslau geliefert wurde. Im Einsatz waren die Fahrzeuge noch bis 1972/74. Der abgebildete Triebwagen 644 sowie der Beiwagen 1029 wurden in den Museumsbestand übernommen.

78

Am Samstagnachmittag, dem 17. März 1972, ist die Stübelallee abgesehen von der Straßenbahn völlig verwaist. Soeben passiert einer der wenigen, noch im Betrieb stehenden klassischen Vorkriegszüge auf der Linie 12 den Fotografen, unterwegs von Cossebaude nach Niedersedlitz. Die Allee, die von den Linien 12 und 14 befahren wird, führt am nördlichen Rand des Großen Gartens entlang, der grünen Lunge der Stadt, wo sich auch das barocke Palais, der Dresdner Zoo und die Pioniereisenbahn befinden.

Der Zug besteht aus Triebwagen 201 722 (Serie 201 701 ... 770, ex 701-770; 1909-22 von vier verschiedenen Herstellern gebaut) und den Beiwagen 251 058 + 160 (Serie 251 056 - 058 ex 1131-1140, Eigenbau 1918/19, bzw. Serie 251 102 ...179 ex 1001-1075, Lindner/1925). Die Beiwagen haben noch ihre alten Wagenkästen, der Triebwagen ist schon modernisiert mit vier Seitenfenstern. Obwohl diese Vorkriegswagen ab 1972 durch neue Tatra-Wagen ersetzt wurden, bekamen sie 1971 noch EDV-Wagennummern. Der Triebwagen 201 734 blieb als Museumswagen 734 erhalten.

Ein Blick auf die Umsetz-Endhaltestelle Coschütz der Linie 11 am 7. Mai 1968, die von hier aus nach Bühlau fuhr - eine Strecke mit erheblichen Steigungen an beiden Enden. Der „Große Hecht" 1714 (Serie 1701-1733) umfährt seinen Beiwagen 1323. Seit der Inbetriebnahme der Hechtwagen 1931 wurden diese Triebwagen auf der Linie 11 mit ihren „Bergstrecken" eingesetzt.

Der Beiwagen ist mit einem Schaffner besetzt, der notfalls auch die Handbremse bedienen kann. Eigentlich ist es schade, daß diese Wagen wegen der Einführung des schaffnerlosen Betriebs früher ausgemustert wurden als die älteren Triebwagen. Die Beobachtung ein- und aussteigender Fahrgäste war für den Fahrer wegen der spitz zulaufenden Plattformen zu schwierig. Die formschönen, halbautomatisch gesteuerten Wagen fuhren sehr schnell und wurden legendär.

Hinter dem Beiwagen stadteinwärts befindet sich heute die Endschleife der Linie 3, die 1999 die Linie 8 ersetzte, die ihrerseits 1969 an die Stelle der Linie 11 getreten war. Die Feuersbrunst in den Bombennächten von Dresden 1944/45 blieb den Vororten größtenteils erspart, was man an der intakten Vorkriegsbebauung sehen kann.

79

80

Am 17. März 1972 schlingert der „Große Hecht" 206 026 mit seinem zweiachsigen Beiwagen 252 321 durch die Haarnadelkurve des Plauener Rings an der Haltestelle „Fußweg nach Kaitz" aufwärts. Er kommt von Johannstadt und ist unterwegs zur Endhaltestelle der Linie 1 in Coschütz. Diese Stelle hat wegen der starken Gefällstrecke zwei schwere Unfälle, 1927 und 1959, erlebt.

Die Situation hat sich seit 1999 sehr verändert: von der Stelle aus, wo der Fotograf steht, wurde eine Gleisverbindung Richtung Plauen gebaut, die jetzt von der Linie 3 befahren wird, die Haarnadelkurve gibt es in dieser Form für die Straßenbahn nicht mehr.

Die Druckknopfsteuerung eines Hechts.

81

Am gleichen Tag begegnet uns ebenfalls auf der Linie 1, aber in der Gegenrichtung von Coschütz nach Johannstadt, der „Große Hecht" 206 004 mit Beiwagen 252 311 auf dem Pirnaischen Platz. Im Hintergrund das frühklassizistische Museum für Stadtgeschichte (vormals Landhaus, 1776) und das Polizeipräsidium.

Der Triebwagen gehört zur Serie 206 002 - 027 (ex 1701-1733), die 1930-32 von Christoph & Unmack, Busch und in der eigenen Werkstatt hergestellt wurde. Wegen ihrer spitzen Plattformen wurden sie „Hechtwagen" genannt. Sie waren damals die modernsten Straßenbahnwagen Deutschlands und hatten eine halbautomatische Druckknopfsteuerung. Die EDV-Numerierung wurde 1971 eingeführt. Im Zeitalter des schaffnerlosen Betriebs war die Sicht für den Fahrer wegen der „Spitznase" unzureichend, so daß die Wagen 1972 ausgemustert wurden. Triebwagen 206 002 kam als 1702 ins Verkehrsmuseum, 206 016 blieb als Museumswagen 1716 erhalten. Der Beiwagen gehört zur Reihe 252 310 - 334 (ex 1310-1334), die 1929-30 von Christoph & Unmack gebaut wurden. Von den Beiwagen blieb Museumswagen 1314 erhalten.

82

Nach den modernen vierachsigen „Hechtwagen“ bauten Christoph & Unmack in Niesky und Busch in Bautzen 1936-38 eine Reihe kürzerer zweiachsiger Wagen ähnlicher Bauart. Diese Triebwagen 1802-1848 (nach einem kürzeren Prototyp 1801) wurden bald als „kleiner Hecht“ bekannt.

Hechtwagen 1814 fährt am 7. Mai 1968 mit dem wesentlich älteren Beiwagen 400 (Reihe 400-402, Baujahr 1913) auf der Linie 2 durch die Juri-Gagarin-Straße in der Südvorstadt. Im Hintergrund ist ein Wohnheim der Hochschule zu sehen. Die kleinen Hechtwagen wurden leider 1970/71 aus dem Betrieb genommen, als der schaffnerlose Z- bzw. OS-Betrieb eingeführt wurde. Bis auf zwei erlebten die Wagen die EDV-Numerierung nicht mehr und wurden zerlegt. Triebwagen 1820 blieb als Museumswagen erhalten. Beiwagen 400 wurde ein halbes Jahr nach der Aufnahme zum Warteraum degradiert.

Eine der bekannten Vorortstrecken der Dresdner Überlandbahnen war die Linie 18 von Leutewitz nach Pillnitz. In ländlicher Gegend, eingleisig in Randlage auf der Pillnitzer Landstraße, begegnet sie uns an der Haltestelle Friedhof Wachwitz am 7. August 1968. Lange sollte die 18 nicht mehr bestehen: am 4. Mai 1969 wurde sie bei der Umstrukturierung des Liniennetzes von 19 auf 14 Linien durch die Linie 4 ersetzt. Die Straßenbahn nach Pillnitz verschwand am 9. April 1985 endgültig, weil das Blaue Wunder Schäden aufwies und für den Straßenbahnverkehr gesperrt werden mußte.

Der Vorkriegszug besteht aus Triebwagen 745 und den Beiwagen 1155 und 1177 des großen Wagentyps, gebaut durch vier verschiedene Hersteller und die eigene Werkstatt der Straßenbahn. Wagen 745 stammt aus der Reihe 701-771 aus den Jahren 1913-24, die Beiwagen aus der Serie 1141-1219 von 1920-25. Die Wagen fuhren teilweise noch bis 1974, ehe sie durch Tatrazüge ersetzt wurden.

83

84

Ein Zug der Linie 4 hat am 12. Juni 1984 auf seiner Fahrt von Pillnitz nach Weinböhla den Stadtteil Blasewitz erreicht. Im Hintergrund spannt sich das „Blaue Wunder“ über die Elbe. Die 1891-93 erbaute Hängebrücke verdankt ihren Namen der damals aufsehenerregenden Konstruktion, aber auch der Tatsache, daß bei dem ursprünglich grünen Anstrich der Gelbanteil allmählich ausblich und sich in Blau änderte, ein echtes Wunder also ... Ein weiteres Wunder ist, daß sie als einzige Dresdner Elbbrücke neben der Flügelwegbrücke den Krieg unversehrt überstand.

Der Straßenbahnzug ist ein typenreiner Gotha-Zug mit Triebwagen 213 205 an der Spitze und zwei Beiwagen der Reihe 263.

Die Wagenserie 213 201-215 faßte sämtliche Gotha-Zweirichtungswagen, die im RAW Schöneweide rekonstruiert worden waren, zusammen. Sie verkehrten auf der Linie 4, weil es in Pillnitz keine Endschleife gab. Als am 9. April 1985 der Pillnitzer Ast auf Omnibusbetrieb umgestellt wurde, wurden sie ausrangiert.

85

Die südöstlichen Vororte Dresdens überstanden den Zweiten Weltkrieg relativ gut und bilden noch immer eine einladende Umgebung. In der Endschleife der Linie 9 in Kleinzschachwitz wartet am 17. März 1972 der LOWA-Triebwagen 212 111 mit Gotha-Beiwagen 264 107 und LOWA-Beiwagen 262 117 auf seine Abfahrt nach Übigau. Der Triebwagen trägt die „OS“-Beschriftung; die EDV-Bezeichnung wurde 1971 eingeführt.

86

Die Vorortlinie 4 von Pillnitz nach Weinböhla war mit rund 35 km Länge bis 1985 die längste Straßenbahnlinie der DDR. Am 12. Juni 1986 kam dem Fotografen auf der Meißener Straße in Radebeul Ost ein LOWA-Einrichtungs-Triebwagen mit zwei Gotha-Zweirichtungs-Beiwagen entgegen. Gut erkennbar sind die Großverbundplatten, die aber auf schlechtem Untergrund verlegt waren und durch die Eigenvibrationen bald kaputt gefahren wurden.

Der Triebwagen 212 108 ist ein Vertreter der Reihe 212 101-116 (ex 1526-1541); er wurde 1956 in Gotha gebaut und 1967 für Einrichtungsbetrieb umgebaut. Die LOWA-Triebwagen waren bis 1986 im Einsatz - für den Triebwagen auf dem Bild dürfte das Ende also bald bevorstehen. Die Gotha-Beiwagen der Reihe 263 hatten dagegen noch eine Gnadenfrist bis 1990. Als Museumsfahrzeug wurde der Triebwagen 212 113 unter seiner ursprünglichen Nummer 1538 ausgewählt.

87

Der wichtigste Straßenbahn-Knotenpunkt Dresdens, der Postplatz. Im Hintergrund der berühmte Zwinger, im 17. Jahrhundert als Lustschloß für den sächsischen König August der Starke gebaut. Nach den schweren Zerstörungen im Zweiten Weltkrieg wurde er bis 1964 wieder aufgebaut und restauriert und beherbergt heute wieder bedeutende Kunstsammlungen.

Am 7. Mai 1968 biegt die Linie 8 aus Richtung Dimitroffbrücke auf den Postplatz ein. Der stilreine Gothazug (Tw 1577 + Bw 1406 + 1412) ist noch im Ablieferungszustand. Der Triebwagen stammt aus der Serie 1571-1583, die Beiwagen aus der Reihe 1391-1427, beide 1957 gebaut. Die Gothawagen verkehrten in Dresden bis zum 2. Dezember 1990 im regelmäßigen Liniendienst, danach noch gelegentlich im Ersatzverkehr.

88

Bis nach der Wende blieb im Zeitalter der Tatra-Wagen eine Reihe Gotha-Züge in Betrieb, die auf der Linie 1, die in Cossebaude auf der Straße umsetzen mußte, benötigt wurden. Mit steigendem Autoverkehr auf der Fernstraße 6 wurde dieser Zustand immer problematischer. So kam für die Linie 1 am 2. Dezember 1990 das Ende, und der Omnibus trat die Nachfolge an.

Ein halbes Jahr vor der Stillegung, am 15. Juni 1990, macht sich ein Gotha-Zweirichtungszug an der Endhaltestelle in Cossebaude bereit für die Rückfahrt. Triebwagen 213 202 ist soeben mit den Beiwagen 263 038 und 037 aus Richtung Postplatz angekommen.

Der T 57-Triebwagen 213 202 gehört zur zehn Wagen umfassenden Reihe 213 201-215 (mit Lücken, Baujahre 1958-60). Diese Wagen wurden aus der ursprünglichen Serie 213 001-021 umnumeriert. Davon wurden die Wagen 006-021 im Jahre 1966 aus Karl-Marx-Stadt übernommen (dort 801-816) und in Dresden als 1584-1599 bezeichnet.

Der letzte Gotha-Zug fuhr in Dresden am 26. Mai 1994. Die Fahrzeuge wurden ab 1991 nur noch gelegentlich eingesetzt, einige wurden zu Arbeitswagen der Gruppe 201, die übrigen zerlegt. Triebwagen 1587 blieb als Museumswagen im Bestand. Zwei weitere, 213 008 und 021, werden für Sonderverkehre vorgehalten.

Von den Gotha-B 57-Beiwagen gab es in Dresden 50 Stück, die Reihe 263 001-050, erbaut 1957-61. Davon wurden 26 Wagen (263 025-050) 1966 ebenfalls aus Karl-Marx-Stadt übernommen (ex 901-926). Vor der EDV-Ära waren sie als 1391-1427 und 1441-1466 bezeichnet. 1988 begann die Ausmusterung. Ein Wagen ging nach Dessau, fünf blieben für Sonderzugeinsätze erhalten: 263 009, 041, 044, 049 und 050.

89

Sonntägliche Ruhe herrscht am Vormittag des 7. Mai 1968 am Postplatz mit dem Zwinger im Hintergrund. Einziger Verkehrsteilnehmer ist ein Großraumzug der Linie 7, unterwegs von Weixdorf auf der rechten Elbeseite nach Wölfnitz: Triebwagen 1741 mit Beiwagen 2008.

Zusammen mit Berlin und Magdeburg beschaffte Dresden 1962-64 19 Großraumzüge von Gotha, Triebwagen 1731-1749 und Beiwagen 2001-2019. Schon nach wenigen Jahren, 1968-70, wurden diese Züge in einer „Typenbereinigungsaktion“, wie das im schönen ostdeutschen Fachjargon hieß, nach Berlin abgegeben. Dort verstärkten sie die Fahrzeuge der gleichen Gattung und blieben bis 1995/96 im Einsatz. Danach kehrten Triebwagen 1734 (Berlin 218 037) und Beiwagen 2015 (268 104) als Museumszug nach Dresden zurück.

90

Dresden nahm 1960 einen vierachsigen G4-Gelenkwagen in Betrieb. Dieser Triebwagen 2500 mit Druckknopfschaltung aus einem Hechtwagen blieb ein Einzelgänger und wurde hauptsächlich für Stadtrundfahrten verwendet. Nach nur zehn Betriebsjahren verschwand er schon 1970 aus dem Verkehr. Am 7. Mai 1968 fährt der Wagen als Stadtrundfahrt über den Leninplatz (heute: Wiener Platz) vor dem Hauptbahnhof.

91

Ende 1964 wurden von den CKD-Tatrawerken in Prag drei Prager T3-Triebwagen nach Dresden geschickt, um zu testen, ob dieser erfolgreiche Straßenbahntyp wie in anderen sozialistischen Ländern auch in der DDR verwendbar war. Aus diesen Erfahrungen heraus wurde eine Bauart mit der Bezeichnung T4D entwickelt, die mit einer Breite von 2,20 m auf die Verhältnisse der DDR ausgelegt war. Der Prototyp kam 1967 ebenfalls zu Testzwecken nach Dresden; ab 17. Februar 1969 erfolgte der Linieneinsatz auf der Linie 7, einige Monate später kam ein Doppelzug auf der Linie 11 hinzu.

Der Prototyp mit der Betriebsnummer 2000 wurde am 7. Mai 1968 vor dem Betriebshof Tolkewitz abgelichtet. Er wurde 1971 zum Fahrschulwagen und gehört heute zum Museumsbestand.

92

Die Tatra-Wagen für die DDR hatten im Gegensatz zu den üblichen T3-Wagen für die Ostblockstaaten einen schmalen Filmkasten mit der Liniennummer und dem Zielschild. Diese Beschilderung ist so klein und dürftig, dass ein Zusatzschild mit der Liniennummer im Stirnfenster notwendig ist, damit der Fahrgast seine Linie rechtzeitig erkennen kann.

In den achtziger Jahren wurden viele Dresdner Tatra-Wagen in einem gegenüber der Original-Tatra-Farbe etwas helleren Rot lackiert. Solch ein „tomatenroter" Großzug - wie die Kombination zwei Triebwagen + Beiwagen in der DDR genannt wurde - begegnet uns am 12. Juni 1984 auf dem Postplatz. Die Triebwagen 222 620 und 619 verkehren auf der Linie 7 von Wölfnitz nach Weixdorf und tragen unübersehbar das Zusatzschild mit der Liniennummer hinter dem Fenster.

In den Jahren 1968-70 wurden die T4D-Triebwagen 1999-1855 (rückwärts numeriert!) in Betrieb genommen und anschließend in die EDV-Nummergruppe 222 umnumeriert. Die Dresdener Wagenparknumerierung ist sehr kompliziert, und zudem ist man in diesem Betrieb äußerst umnumerierungsfreudig (schönes deutsches Wort!), so dass es den Rahmen dieses Bildbandes sprengen würde, alle Details im einzelnen aufzuführen.

Kurz gesagt: in den Jahren 1968-83 wurden 572 Trieb- und 250 Beiwagen (B4D) in Betrieb genommen (die ersten Beiwagen von 1970 hießen zuerst noch 2000-2007). Die Beiwagen kamen in die EDV-Gruppe 272. Jedes Jahr fing die Lieferung wieder bei 1 an, z. B. der erste Triebwagen von 1971 wurde 101, der letzte aus 1983 wurde 364 usw.

Nach der Wende brauchte man diesen großen Wagenpark nicht mehr: 224 Triebwagen wurden mit gelbem Anstrich modernisiert und in der EDV-Gruppe 224 zusammengefaßt, 65 Beiwagen in der Gruppe 274. Drei Triebwagen gingen als Arbeitswagen nach Gera und wurden auf Schmalspurfahrgestelle gesetzt. Manche Wagen wurden ins Ausland abgegeben, darunter 60 Trieb- und 35 Beiwagen sogar nach Pjöngjang (zusammen mit Wagen aus Leipzig und Magdeburg), einige nach Rostow am Don (Russland) sowie nach Galati und Botosani in Rumänien. Die meisten nicht modernisierten Wagen wurden verschrottet. Ein Tatrazug aus Tw 222 998 (ex 1998), Tw 2000 und Bw 272 105 blieb im Ursprungszustand als Museumszug erhalten.

93

Einer der merkwürdigsten Arbeitswagen in der DDR war zweifellos der Gelenk-Schleifwagen 3121 der Dresdner Straßenbahn. Er entstand 1929 aus den Triebwagen 691 und 693 (ex 266 und 268 der Dresdener Straßenbahn-Gesellschaft, Falkenried/1905) und trug damals die Betriebsnummer 3348. Bis 1976 blieb das Gefährt in Betrieb; ein Teil davon wurde später zur Gaststätte. Die Aufnahme entstand am 15. Juli 1968 im Betriebshof Pfotenhauerstraße (Johannstadt).

Karl-Marx-Stadt (Chemnitz)

94

Nachdem Dessau und Magdeburg die ersten Neubauwagen erhalten hatten, die als „Aufbauwagen“ auf Fahrgestellen kriegszerstörter Fahrzeuge von der Waggonfabrik Dessau geliefert worden waren, wurden 1950 auch in Karl-Marx-Stadt acht derartige Triebwagen als 300-307 in Dienst gestellt. Triebwagen 305 fährt am 6. Mai 1968 im „OS“-Verkehr mit den LOWA-Beiwagen 626 und 627 (Serie 626-632, Baujahre 1952-54) durch die alte Poststraße.

Trotz der Neubauten im Hintergrund hat dieser Streckenabschnitt in der kriegszerstörten Innenstadt noch die alte Linienführung. Als Linie 1 hat der Zug, im „OS“-Verkehr aus Siegmar kommend, an der „Zentralhaltestelle“ gehalten und fährt nun weiter nach Gablenz. Die Aufbau-Triebwagen und LOWA-Beiwagen waren in Karl-Marx-Stadt noch bis 1975/76 im Einsatz.

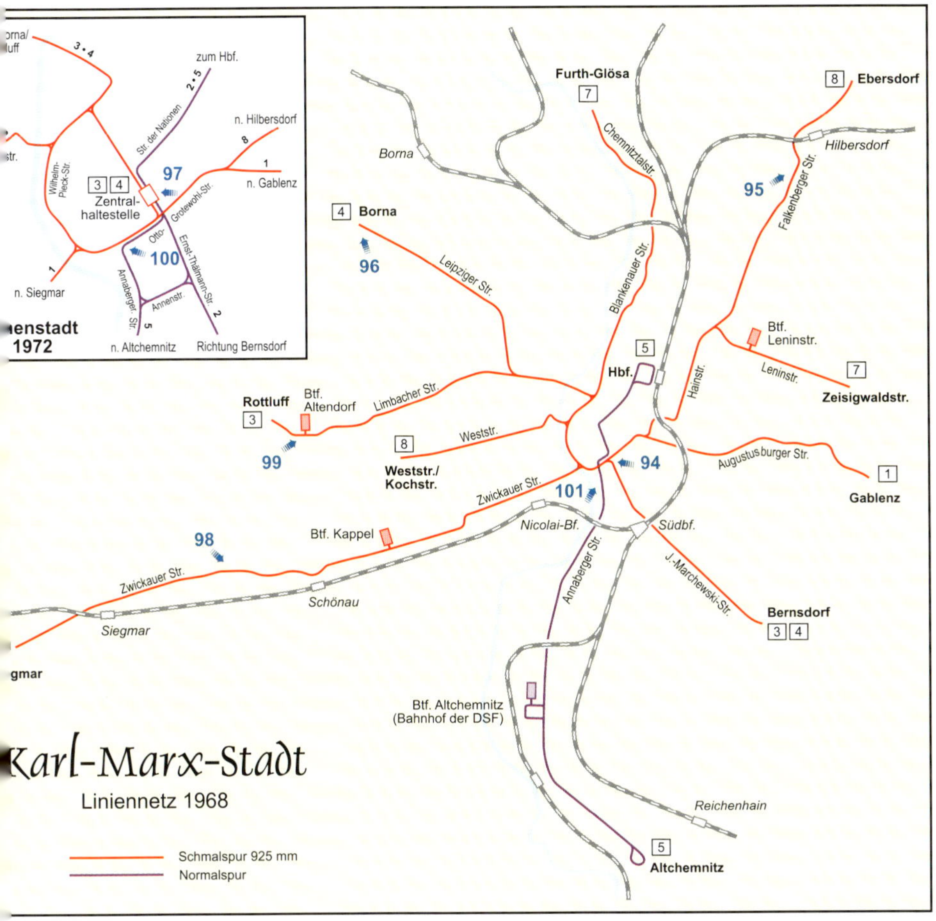

Chemnitz, in einem Talkessel am Nordosthang des Erzgebirges gelegen, entwickelte sich im 19. Jahrhundert rasant zum Industriezentrum. Textilindustrie und Maschinenbau prägten die Stadt, das „sächsische Manchester“. Im März 1945 wurde Chemnitz durch einen Luftangriff zu rund 80 % zerstört. Beim Wiederaufbau des Zentrums entstand ein völlig verändertes Stadtbild mit breiten Straßenzügen und uniformen Plattenbauten. Von 1953 bis zur Wende trug die Stadt den Namen Karl-Marx-Stadt.

Schon 1880 baute ein britisches Unternehmen ein Pferdebahnnetz mit einer Spurweite von 3 Fuß bzw. 915 mm. Durch Spurerweiterungen ergab sich bald ein Maß von 925 mm, das dann offiziell beibehalten wurde, auch bei der Elektrifizierung ab 1893. Probleme mit der Beschaffung neuer Fahrzeuge für diese Spur führten ab 1959 zur schrittweisen Umstellung auf Regelspur. Die letzte Schmalspurlinie nach Rottluff wurde 1988 stillgelegt.

Die Linie 8 nach Ebersdorf der Verkehrsbetriebe Karl-Marx-Stadt hatte als einzige Linie des sonst flachen Netzes im Ortsteil Hilbersdorf eine beachtliche Steigung zu überwinden. Deshalb waren hier immer Triebwagen mit den stärksten Motoren, Zweikreis-Bremsschaltung und elektrischer Feststellbremse eingesetzt, die mit nur einem Beiwagen behängt wurden. Am anderen Ende der Stadt, am Kassberg, gab es eine ähnliche Steigung mit 64 Promille.

Im letzten Betriebsjahr, am 2. April 1975, kriecht der Triebwagen 322 mit Beiwagen 612 aus Ebersdorf kommend in der Falkenberger Straße bergab Richtung Stadtmitte und Weststraße. Die Triebwagen 318-352 (ex 218-252; Busch, Bautzen/1928-29) und die Beiwagen der Reihe 601-620 aus dem selben Jahr (Christoph & Unmack, Niesky) blieben bis zum Ende des 925 mm-Betriebes im Einsatz; am 20. Dezember 1975 wurde die Linie 8 auf Omnibus umgestellt. Triebwagen 351 blieb in der Museumssammlung in der Wagenhalle Altendorf unter seiner Originalnummer 251 erhalten.

95

96

Mit einer Ausweiche im Pflaster der Leipziger Straße endetete die Linie 4 im Stadtteil Borna. Am gleichen dunklen Frühjahrstag wie im vorigen Bild fährt eine Bahn Richtung Stadtmitte ab. An der Stellung des Beiwagens ist der Zustand des Gleises gut zu erkennen....

Triebwagen 182 (Reihe 173-202) wurde 1925 von Busch in Bautzen gebaut, Beiwagen 594 entstammt der Serie 576-625, die 1928-29 von der Waggonfabrik Werdau und Christoph & Unmack, Niesky, geliefert wurde.

Die Linie 4 fuhr wie die Linie 8 am 19. Dezember 1975 zum letzten Mal und wurde auf Bus umgestellt. Die Stelle ist seit dem Verschwinden der Straßenbahn kaum noch wiederzuerkennen - seither ist hier eine vierspurige Autobahn-Zufahrtstraße entstanden.

97

Seit Jahrzehnten war der bedeutendste Straßenbahnknotenpunkt in Karl-Marx-Stadt die sogenannte „Zentralhaltestelle" im Stadtzentrum. Nach dem Bau der ersten Regelspurtramlinien 1960/61 wurde diese wichtige Haltestelle neu angeordnet und um 90° gedreht. Die neue Anlage wurde für beide Spurweiten, 925 mm und Regelspur, gebaut, wie dieses Bild mit dem Rathaus im Hintergrund zeigt. Links Triebwagen 189 mit zwei Beiwagen auf der schmalspurigen Linie 4 nach Borna, rechts Tatra T3D-Triebwagen 408 und 414 auf der Normalspur-Linie 5 nach Altchemnitz am 18. März 1972.

CKD-Tatra lieferte für das neue Regelspurnetz zwischen 1968 und 1988, also mehr als 20 Jahre lang, insgesamt 132 Triebwagen (401-532) und von 1973 bis 1988 62 ähnliche B3D-Beiwagen (701-762). Anders als in Dresden, Leipzig und Magdeburg stammen die Chemnitzer T/B3D-Triebwagen aus der normalen CKD-Tatra-Produktionslinie für die Ostblockländer mit einer Breite von 2,50 Meter. Diese Wagenbreite war für die neu geplanten Regelspurlinien kein Problem. Vier Jahre später wurde dieser breite Typ auch in Schwerin in Betrieb genommen. Die abgebildeten Triebwagen verkehren heute im russischen Wladikawkas, wohin 14 Wagen abgegeben wurden. Zehn Wagen gingen nach Almaty (Alma Ata), Hauptstadt von Usbekistan, weitere 30 nach Ufa in Russland.

Die „Zentralhaltestelle" wurde im August 1997 nochmals um 90° gedreht und befindet sich nun wieder auf der alten Trasse.

98

Die älteste Chemnitzer Straßenbahnlinie 1 hatte auf der Zwickauer Straße lange eingleisige Abschnitte. Im Stadtteil Schönau ist am 5. Mai 1968 Triebwagen 228 mit den LOWA-Beiwagen 632 und 628 unterwegs von Gablenz nach Siegmar. Autoverkehr gibt es nicht, und abgesehen von den Nachkriegsbeiwagen könnte das Bild Jahrzehnte früher entstanden sein.

Der Triebwagen stammt aus der Reihe 218-252 (Busch/1928-29; später 318-352), die beiden Beiwagen aus der Reihe 626-632 (Werdau/1952, Gotha/1955). Es waren die einzigen Nachkriegsbeiwagen des Schmalspurnetzes.

Nachdem die Linie 1 im Jahre 1976 von Gablenz bis zur Stadtmitte zurückgenommen worden war, entfiel die Liniennummer am 15. Mai 1977 ganz, als die Linie 3 nach Siegmar geführt wurde. Die schmalspurige Straßenbahn nach Schönau und Siegmar verschwand 1980/81, um 1988 in Normalspur auf einer veränderten Trasse wieder bis Schönau zurückzukehren. Nach Einstellung des Schmalspurbetriebes wurden die letzten Wagen zerlegt mit Ausnahme des Triebwagens 251, der als Museumswagen erhalten blieb.

99

Ein Zug der Linie 3, der letzten Schmalspurlinie, passiert am 10. Juni 1984 den Betriebshof Altendorf kurz vor der Endhaltestelle Rottluff.

Triebwagen 326 (Reihe 318-351 ex 218-251) ist mit zwei typengleichen Beiwagen unterwegs.

In den siebziger und achtziger Jahren sah der Wagenpark der Verkehrsbetriebe Karl-Marx-Stadt meist sehr gepflegt aus. Das war auch dringend notwendig, denn eine regelmäßige Unterhaltung war die einzige Möglichkeit, die teilweise sechzig Jahre alten Wagen einsatzfähig zu halten....

Nach der Umstellung dieser Linie auf Busbetrieb am 6. November 1988 gab es vergebliche Bestrebungen, einen Teil der Strecke als Museumsbahn für die Nachwelt zu erhalten. Nur die Wagenhalle wurde vorerst als Museum für die Schmalspurfahrzeuge genutzt, zu denen auch der Triebwagen 332 (ex 232) gehört. Als 1995 die bisherige Hauptwerkstätte Kappel durch einen Neubau in Adelsberg frei wurde, zog die Fahrzeugsammlung dorthin um. Die Gebäude des Betriebshofs Altendorf wurden an gewerbliche Unternehmen verpachtet.

100

Ein seltsames Gespann ist am 30. Mai 1988 auf der einzigen noch verbliebenen Schmalspurlinie, der Linie 3, unterwegs. Der Zug befährt den Stadtring über Wilhelm-Pieck-Straße und Otto-Grotewohl-Straße, um nach Rottluff zurückzukehren. Der Vorkriegs-Triebwagen 327 (Bautzen/1928-29, siehe Bild 94) zieht einen 40 Jahre jüngeren Einrichtungswagen vom Gotha-Typ B62. Diese Beiwagen der Reihe 631-639 (gebaut 1963-67) wurden 1984 aus Leipzig übernommen!

In den letzten Jahren des Schmalspurbetriebes wurde es immer problematischer, den fast 60 Jahre alten Schmalspur-Wagenpark betriebsfähig zu halten. Die Triebwagen waren nicht zu ersetzen, weil die üblichen Gotha-Triebwagen nicht auf 925 mm umgespurt werden konnten. Die Gotha-Beiwagen waren eher dafür geeignet, so daß man unter die Leipziger Wagenkästen umgespurte, ehemals meterspurige Untergestelle aus Halle setzte. Auf diese Weise konnte man ab 1984 wenigstens die Beiwagen modernisieren. Der Schmalspurbetrieb wurde noch so lange aufrechterhalten, bis die Reparatur der Triebwagen nicht mehr möglich war. Einige Monate nach dieser Aufnahme, am 5. November 1988, wurde die Linie 3 eingestellt, die Wagen 1989 verschrottet.

Auf dem regelspurigen Übergabegleis zur Werkstatt Kappel stehen an diesem Sonntagvormittag einige Tatra-Züge, die soeben fabrikneu vom Tatrawerk in Prag geliefert wurden, die Triebwagen 517-522. Die Serie 503-532 waren die letzten Tatra-Triebwagen, die Karl-Marx-Stadt beschaffte. Insgesamt waren dann 132 Triebwagen (401-532) vorhanden. Nach der Wende wurden 36 Triebwagen und 14 Beiwagen umgebaut und modernisiert. Von den nicht modernisierten Triebwagen gingen einige in die ehemalige Sowjetunion: 14 nach Wladikawkas, zehn nach Almaty (Alma Ata) und 30 nach Ufa. Ein Großzug aus Triebwagen 401 + 402 + Beiwagen 713 blieb als Museumszug in Chemnitz erhalten.

101

Nach dem Zweiten Weltkrieg war es unmöglich, in der DDR neue Triebwagen für die ausgefallene Spurweite von 925 mm zu beschaffen, so daß man beschloß, das Netz auf Regelspur umzustellen. Als erste wurde die Linie 5 in den Jahren 1959-61 umgebaut.

Dafür wurden zwischen 1959 und 1967 in mehreren Serien neue Gothawagen beschafft: 1959/60 zunächst 16 Triebwagen (801-816) und 26 Beiwagen (901-926) für Zweirichtungsverkehr. Einige Jahre später, 1964-69, folgten 20 Triebwagen (817-836) und 34 Beiwagen (927-965) als Einrichtungswagen, wonach die ersten Wagen an Dresden abgegeben wurden. Nachdem inzwischen genügend Tatrazüge für die Regelspurlinien abgeliefert waren, wurden 1974-75 auch die Einrichtungs-Gothawagen nach Potsdam und Rostock verkauft, ein Zug ging nach Brandenburg.

Einige Jahre davor, am 17. März 1972, rollt der Dreiwagenzug 821 + 962 + 950 auf der Linie 5 durch die Annaberger Straße, eine Neubaustraße mit Hochhäusern in der weitgehend kriegszerstörten Innenstadt.

Zwickau

Zwickau, in einem weiten Tal an der Zwickauer Mulde gelegen, erlangte schon im Mittelalter Bedeutung als Tuchmacherstadt und durch den erzgebirgischen Silberbergbau. Im 19. Jahrhundert kam der Steinkohlebergbau hinzu, der noch bis 1977 betrieben wurde. Bekannt wurde die Stadt auch durch den Automobilbau: hier wurde der in der DDR allgegenwärtige Kleinwagen „Trabant" gebaut.

Die Industriestadt erhielt 1894 ihre erste Straßenbahn, die von Anfang an elektrisch fuhr. Bis 1904 entstand ein Netz aus drei Ästen nach Marienthal, Pölbitz, Wilkau-Hasslau und der kurzen Innenstadtlinie zum Bahnhof, das jahrzehntelang fast unverändert blieb. Erst 1975 setzte ein Niedergang bei der Zwickauer Straßenbahn ein, beginnend mit der Stillegung der Überlandlinie nach Wilkau-Hasslau. Kurz darauf folgte die Linie zum Bahnhof. Immerhin wendete sich das Blatt gut zehn Jahre später wieder. Mit der Beschaffung der ersten Tatra-KT4D wurde 1989 die Bahnhofslinie wieder in Betrieb genommen und sogar eine 3,5 km lange Neubaustrecke zum östlich gelegenen Vorort Eckersbach gebaut (1990/92 eröffnet).

Als der Verfasser 1968 Zwickau besuchte, war das alte Streckennetz noch voll in Betrieb. Die Aufnahmen auf den folgenden Seiten wurden alle am 5. Mai dieses Jahres gemacht.

102

Zwickau hatte eine lange Vorortlinie, die Linie 3 nach Wilkau-Hasslau, die auf ganzer Länge dem Muldental folgte und an vielen Stellen den Fotografen herausforderte. Am 5. Mai 1968 schaukelt ein Vorkriegszug aus Triebwagen 112 und Beiwagen 212 über die Muldestraße in Höhe von Cainsdorf Richtung Endhaltestelle - der eingleisige Betrieb in Seitenlage ist bei dem damaligen Verkehrsaufkommen auf der gepflasterten Straße noch ziemlich problemlos. Der Fotograf hatte mit dem Zug noch gar nicht gerechnet und schaffte es gerade noch, seinen Wagen zu parken, um dann schnell auf den Auslöser zu drücken.

Der Triebwagen stammt aus der Reihe 101-112 (ex 60-79), gebaut 1926 von den Waggonfabriken Schumann in Werdau und Zwickau. Der Niederflur-Mitteleinstieg-Beiwagen gehört zur Reihe 201-220 (ex 101-120), die 1928/29 von Christoph & Unmack in Niesky und der Zwickauer Waggonfabrik geliefert wurde. Die Triebwagen fuhren im Linienverkehr bis 1967/70 und wurden teilweise noch zu Arbeitswagen, die Beiwagen gingen 1969/70 zum alten Eisen.

103

Am Ortsausgang von Wilkau-Hasslau begegnet uns ein ähnliches Gespann aus Triebwagen 107 und Beiwagen 210, in der Gegenrichtung unterwegs zum Zwickauer Hauptbahnhof. Gut erkennbar ist der Gleiszustand, der 1975 die Straßenbahn aus dem Muldental verbannte.

Straßenbahnromantik in Wilkau-Hasslau . . . Man braucht allerdings schon eine gewisse Gelassenheit, um sich dem LOWA-Triebwagen 115 mit seinem Niederflur-Beiwagen 203 bei dieser Gleislage anzuvertrauen. Immerhin hatte man den Mut, noch vier Jahre lang - bis Februar 1975 - den Betrieb nach Wilkau-Hasslau aufrecht zu erhalten. Dann allerdings wurde die Linie 3 bis zur Schedewitzer Brücke am Stadtrand von Zwickau zurückgenommen; dieser Restbetrieb lief noch bis November 1975.

Der Triebwagen gehört zur Reihe 113-119, Baujahre 1951-56 (ex 80-86).

104

Die Hauptlinie von Zwickau war die Linie 4 von Pölbitz zum Krankenhaus am Westrand der Stadt. Ebenfalls am 5. Mai 1968 rollt Triebwagen 121 mit den Niederflur-Beiwagen 212 + 204 durch die Marienthaler Straße Richtung Krankenhaus. Die Schienenzustand ist hier - zwischen Schleife Paulusstr. und Pumpenwerk Marienthal - kaum besser als auf der Linie 3 nach Wilkau-Hasslau.

Die Beiwagen der Reihe 201-220 waren in Zwickau wegen ihres niedrigen Mitteleinstiegs sehr beliebt. Der Gotha T57-Triebwagen gehört zu einer Reihe von zwölf Wagen (120-131 ex 87-98) aus den Jahren 1957-61. Diese Fahrzeuge wurden bis Mai 1995 eingesetzt und erhielten 1987 sogar noch EDV-Nummern (200 901 - 912). Der frühere Triebwagen 92 (ex 907) blieb als Museumswagen unter seiner alten Nummer erhalten.

Die Linie 4 wurde 1966/67 im Bereich Marienthal - Krankenhaus aus der Marienthaler Str. herausgenommen und neu trassiert. Kurz vor dem Brander Weg rollt am 5. Mai 1968 ein typenreiner T/B2D-Zug von CKD-Tatra/1968 am Fotografen vorbei Richtung Krankenhaus. Der Zug besteht aus Tw 137 (Reihe 132-144) und Bw 240 + 239 (Reihe 236-244).

Der Unterschied zwischen den Gotha-Nachbauten von CKD und dem älteren Gotha-T57 ist hier gut zu erkennen. Die Wagen wirken mit ihren schmalen Fensterholmen leichter und sind als Einrichtungswagen mit Lenkradschaltung ausgeführt.

Gothazüge blieben in Zwickau noch bis 1995 im Liniendienst.

Plauen

Plauen ist das Zentrum des Vogtlandes und erstreckt sich vom Tal der Weißen Elster bis auf die umliegenden Höhen. Auch hier entwickelte sich schon im Mittelalter das Tuchmachergewerbe - berühmt sind die Plauener Spitzen und Gardinen. Textilindustrie und Maschinenbau befruchteten sich gegenseitig und machten Plauen zur Industriestadt.

Die Lage im gebirgigen Vogtland führte dazu, daß Plauen einen Oberen und einen Unteren Bahnhof erhielt, jeweils an verschiedenen Bahnlinien. So war die Verbindung zwischen diesen beiden Bahnhöfen 1893 auch die Keimzelle des elektrischen Straßenbahnnetzes, das eindrucksvolle Steigungen aufweist. Wegen der extremen Steigungsverhältnisse kannte man in Plauen bis 1961 keinen Beiwagenbetrieb!

Bis 1909 war das Grundnetz im wesentlichen komplett, größere Streckenerweiterungen gab es erst wieder 1957 (Haselbrunn - Plamag), 1966 (Hauptfriedhof - Reusa) und 1983 (Krankenhaus - Waldfrieden). Damit besteht ein Liniennetz von rund 35 km Länge.

Plauen war viele Jahre lang eine hundertprozentige Straßenbahnstadt. Es gab keine einzige Stadtbuslinie!

107 Typisch für Plauen ist der bedeutende Höhenunterschied zwischen Oberstadt und Unterstadt. So hat Plauen denn auch zwei Bahnhöfe, den Oberen und den Unteren Bahnhof. Die wichtigste Verbindung zwischen den Stadtteilen ist die Bahnhofstraße, auf der seit 1894 die Straßenbahn fährt. Wegen der extremen Steigung von 77 ‰ durften hier bis 1960 keine Beiwagen eingesetzt werden.

Der offensichtlich noch neue Gotha T62-Einrichtungs-Triebwagen 75 (Reihe 74-84, Baujahre 1964-66) erklimmt am 5. Mai 1968 die Bahnhofstraße. Die Linie 5 verband den Unteren Bahnhof mit dem Oberen Bahnhof. Die große Steigung fällt deutlich ins Auge, im Hintergrund der zentrale Platz von Plauen: der Otto-Grotewohl-Platz mit dem Nonnenturm als Wahrzeichen der Stadt und der Straßenbahnhaltestelle „Tunnel". Aus der Szenerie ist kaum erkennbar, daß die Stadt im März 1945 zu rund drei Vierteln zerstört wurde; der Wiederaufbau dauerte viele Jahre.

Gotha-Wagen verkehrten in Plauen bis 1988, mehrere von ihnen blieben erhalten: Nr. 73 ist Museumswagen, Wagen 75 wurde Café, Nr. 78 wurde 1990 zum Partywagen hergerichtet und ist als „Bier-Elektrische" oft unterwegs, Triebwagen 79 gehört einem Modellbahnclub.

108

Auf dem Abzweig beim Theater am Otto-Grotewohl-Platz, wo sich bis 1962 auch ein kleines Depot befand, steht am 12. Juli 1968 eine schöne Sammlung von Vorkriegswagen: die Triebwagen 47, 53, 56 und 48 (Reihen 46-49 und 50-56 von 1926 bzw. 1928, beide von MAN Nürnberg geliefert). Offenbar wird gelegentlich die Malerwerkstätte aktiv: die Wagen sehen verhältnismäßig gepflegt aus, der dritte Wagen ist frisch lackiert.

Vorkriegswagen blieben in Plauen noch bis 1974 im Einsatz. Die Triebwagen 42 und 48 landeten im Privatbesitz bei einem Straßenbahnfreund im Garten (höchst ungewöhnlich in der DDR!), Tw 48 ging 1998 weiter ins Bahnmuseum Prora auf Rügen. Triebwagen 51 kam zunächst ins Straßenbahnmuseum in Brno (Brünn) in Tschechien, kehrte aber 1990 als Museumswagen zurück nach Plauen.

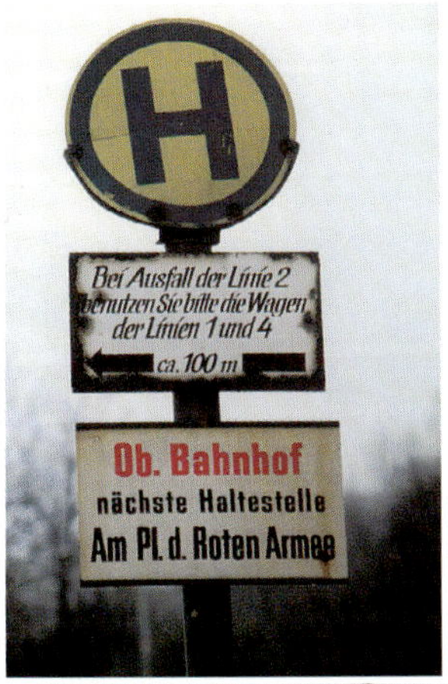

Marco Moerland

109

Im Jahr 1968 fuhren noch immer Vorkriegswagen im Linienverkehr: Triebwagen 53 auf der Linie 3 von Reusa biegt vor der Bahnunterführung ab zum Oberen Bahnhof. Die geradeaus weiterführende Strecke verläuft über Haselbrunn zur Endschleife „Plamag“. Der Triebwagen, am 5. Mai 1968 noch mit den obligatorischen Fähnchen vom 1. Mai geschmückt, sollte noch bis 1974 im Betrieb stehen.

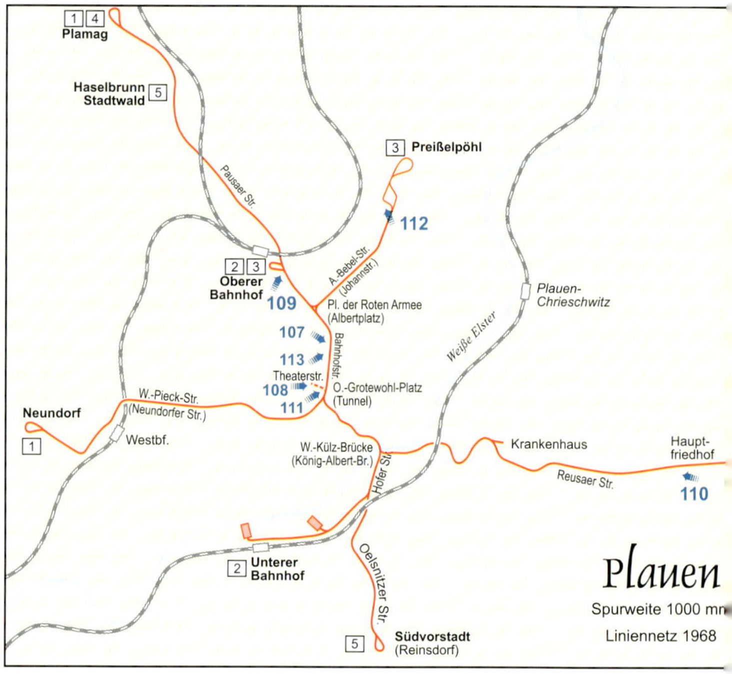

110

Obwohl viele Jahre jünger als die Vorkriegswagen, macht der Gotha-T57-Triebwagen 90 am 19. März 1972 schon einen recht heruntergekommenen Eindruck. Zusammen mit Beiwagen 13 ist er unterwegs von der Plamag nach Reusa auf der Linie 4 - die Aufnahme entstand hoch über der Stadt beim Hauptfriedhof kurz vor der Endhaltestelle.

Der Triebwagen stammt aus der Reihe T57-Einrichtungswagen 85-91, die 1967 aus Halle übernommen und 1983-89 nach Brandenburg, Zwickau, Naumburg und Frankfurt/Oder weitergegeben wurden. Nachdem 1975 der Neubau von „Reko"-Wagen beendet wurde und viele, vor allem meterspurige Betriebe, trotzdem ihren veralteten Wagenpark erneuern wollten, entstand ein emsiger Handel mit „second hand"-Straßenbahnwagen, der bis in die neunziger Jahre andauerte. Beiwagen 13 ist einer der zwei Beiwagen (12-13), die 1964 von der stillgelegten, nicht weit entfernten Reichsbahn-Straßenbahnlinie Klingenthal - Sachsenberg-Georgenthal gekauft wurden. Auch diese Wagen gingen 1989 nach Brandenburg.

111

Ende der sechziger Jahre wurde bei der Plauener Straßenbahn ein neues Farbschema eingeführt, in dem sich am 19. März 1972 Triebwagen 74 und Beiwagen 28 bereits präsentieren. Der Zug kommt die steile Bahnhofstraße herunter und erreicht den Otto-Grotewohl-Platz. Die Linie 1 von Plamag nach Neundorf hat an diesem ruhigen Sonntagvormittag die Straße fast für sich allein. Trotz der schweren Luftangriffe 1945 sind noch viele Altbauten hier in der Stadtmitte zu sehen, die teilweise recht schön wieder aufgebaut und restauriert wurden.

Der abgebildete Triebwagen kam 1989 nach Frankfurt/Oder, Beiwagen 28 wurde zum Museumswagen.

112

Auch an der Endschleife der Linie 5 im Stadtteil Preisselpöhl sind am 29. Mai 1981 noch schöne Althäuser zu bewundern, die den Krieg gut überstanden haben. Ein Gotha-T57-Zug aus Triebwagen 95 und Beiwagen 13 fährt auf der Linie 5 gerade ab Richtung Südvorstadt, der nächste Zug nähert sich schon.

Triebwagen 95 (Reihe 94-96, Baujahr 1961) gehörte zur letzten Gebraucht-Beschaffung von zweiachsigen Triebwagen: 1975 aus Zwickau gekauft und bemerkenswerterweise 1983 dorthin teilweise (Wagen 95-96) wieder zurück verkauft; Triebwagen 94 kam 1993 als Arbeitswagen nach Halle.

113

Als 1976 die Null-Serie von 35 KT4D-Kurzgelenkwagen an verschiedene Betriebe geliefert wurde, erhielt auch Plauen im Mai 1976 zwei Stück: die Triebwagen 201 und 202. Man wollte testen, wie sich diese Wagen auf extremen Steigungen verhielten. Es traten keine Probleme auf, daher wurden 1981-88 insgesamt 33 Wagen von CKD-Tatra nach Plauen geliefert; danach folgten auf dem Umweg über Zwickau noch zehn weitere (Reihe 203-245). Dieser Wagenpark reichte aus, um das gesamte Netz auf Gelenkwagen umzustellen.

Am 29. Mai 1981 fährt Wagen 201 die Gefällstrecke der Bahnhofstraße hinunter auf der Linie 1 Richtung Neundorf. Nach der Wende wurde sämtliche Gelenkwagen modernisiert und erhielten Choppersteuerung, einzige Ausnahme blieb der Prototyp 201, der 1998 an das Museum in Prora (Rügen) abgegeben wurde und dort erhalten blieb.

Bemerkenswert ist übrigens, daß Plauen bis vor einigen Jahren eine 100-prozentige Straßenbahnstadt war, erst seit kurzem gibt es auch eine einzige (!) Omnibuslinie.

Gera

Gera ist die zweitgrößte Stadt Thüringens und liegt im Tal der Weißen Elster. Schon im Mittelalter entwickelte sich das Tuchmachergewerbe, im 19. Jahrhundert wuchs daraus die Textilindustrie und parallel der Maschinenbau. Nach schweren Zerstörungen im letzten Krieg wurden viele historische Bauten in der Altstadt wieder aufgebaut, daneben entstanden moderne Geschäftsbauten und neue Wohnviertel.

Die Straßenbahn fährt seit 1892 durch die Stadt. 1901 wurde auch Güterverkehr im Anschluß an die Gera-Meuselwitzer Eisenbahn aufgenommen, der mit elektrischen Lokomotiven betrieben wurde. Über 30 Fabrikanschlüsse wurden so bis 1963 bedient! In den sechziger Jahren zogen dunkle Wolken über dem Betrieb auf. Das Gleisnetz war äußerst sanierungsbedürftig, daher war die Umstellung auf Bus vorgesehen. Bald wurden die Linien nach Untermhaus (1968) und Zwötzen (1971) stillgelegt. In den siebziger Jahren änderte sich aber die Einstellung wieder, das Rumpfnetz wurde saniert (1980-84 Neutrassierung in der Altstadt) und sogar zu den Vororten Bieblach und Zeulsdorf verlängert.

114

Jahrelang fuhr die Straßenbahn in Gera eingleisig durch schmale Straßen in der Innenstadt. Ein bekanntes Beispiel war die Straße des 7. Oktober, hier mit dem Abzweig an der Ecke zur Sorge. Am 5. Mai 1968 schaukelt der Gotha-T57-Triebwagen 141 (Reihe 141-151, Baujahre 1958-60) mit seinem LOWA-Beiwagen 233 (Reihe 231-237, 1955/56) über das verschlissene Gleis von Zwötzen nach Tinz. Obwohl die Stadt im Krieg schwer getroffen wurde, blieb diese romantische Ecke fast unberührt und strahlt trotz des dunklen Wetters eine typische Kleinstadt-Atmosphäre aus. Ab 1971 verschwand hier die Straßenbahn und wurde von der Sorge direkt zur Straße der Republik geleitet.

Etwa gleichzeitig - 1969-73 - wurden auch die meisten Gotha-Zweirichtungswagen ersetzt. Da Gera bereits über mehrere Endschleifen verfügte, traten modernere T2D- und B2D-Einrichtungswagen aus Halle an ihre Stelle. Die überzähligen Gothawagen wurden nach Nordhausen, Jena und Brandenburg abgegeben, die restlichen Wagen gingen 1990 den Weg zum Alteisen.

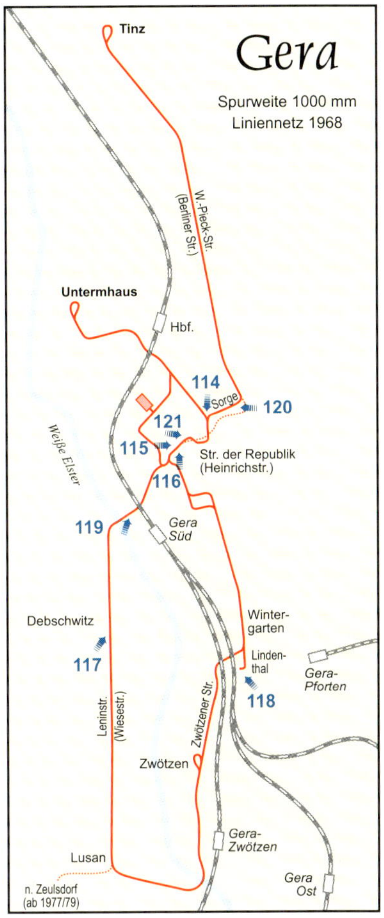

115

Wesentlich großstädtischer sieht es an der Straße der Republik aus - Hochhäuser im typischen DDR-Plattenbau prägen das Bild, das im Hintergrund durch das schöne Rathaus (heute Bibliothek) aus dem 16. Jahrhundert mit seinem barocken Mansardendach aufgelockert wird. Die Haltestelle ist der Knotenpunkt des öffentlichen Verkehrs, denn neben der Straßenbahn verkehrt hier auch die einzige Obus-Linie der Stadt, die von 1939 bis 1977 im Betrieb war.

Am 13. März 1972 präsentiert sich hier ein LOWA-Zug in dem 1969 eingeführten neuen gelben Anstrich: Triebwagen 131 (Reihe 131-135 ex 14-18) mit dem typengleichen Beiwagen 235 (Reihe 231-235) aus den Jahren 1951-56 fährt Richtung Zwötzen. Im Hintergrund ist ein Gotha-Zug in der Gegenrichtung zu erkennen. Die LOWA-Wagen blieben noch bis 1990, vor allem in der Hauptverkehrszeit, im Einsatz.

116

Ein Sprung zurück in den verregneten April 1969. Die gleiche Stelle aus einem anderen Blickwinkel - hier dominiert das ein Jahr zuvor eröffnete Interhotel Gera, wo der Fotograf beim ersten Besuch am 5. Mai 1968 beim Frühstück mit Kaviar überrascht wurde, weil man das bei den russischen Offizieren so gewöhnt war und noch nicht viele „normale“ Touristen beherbergt hatte.

Vor dieser Errungenschaft der internationalen Gastfreundschaft steht ein Gotha-Einrichtungszug Richtung Zwötzen. Triebwagen 167 gehört zur Serie 167-178, die in den Jahren 1969-75 aus Halle und Zwickau übernommen wurde (Typ T2D von CKD-Tatra/1968), Beiwagen 267 entstammt der Reihe 261-271, die noch original von Gotha in den Jahren 1961-69 geliefert wurde.

Die Wagen tragen schon den neuen gelben Anstrich, den sich die Bezirksstadt leistete. Als eine Reihe von Tatra-Kurzgelenkwagen in Betrieb kam, wurden mehrere Zweiachser entbehrlich und wurden an andere Städte abgegeben, so auch die abgebildeten Wagen. Sie gingen 1983-89 nach Frankfurt/Oder, Brandenburg und Jena.

117

MAN Nürnberg lieferte 1928 die Triebwagen 10-13, die bis 1967 im Regelbetrieb eingesetzt und danach teilweise zu Arbeitswagen umgebaut wurden. Wagen 12 wurde 1982 zum Museumswagen hergerichtet, um damit das 90-jährige Jubiläum der Straßenbahn zu feiern.

Der Wagen ist am 10. Juni 1982, einem schönen Sonntagvormittag, unterwegs in der Leninstraße im Stadtteil Debschwitz. Die Vorkriegshäuser sind hier wieder schön restauriert und bilden einen passenden Hintergrund für die historische Straßenbahn.

118

Das Gelände am alten Betriebshof Lindenthal am 5. Mai 1968. Vorn der Arbeitswagen 101 aus der Reihe von acht MAN-Wagen der Jahre 1925/26 (Nr. 1-8, später 101-106), mit denen der Wagenpark aus dem Eröffnungsjahr 1892 ersetzt wurde. Die Wagen wurden 1966/67 ausgemustert, Wagen 101 blieb als letzter bis 1972 erhalten. Im Hintergrund der Arbeitswagen 650, ebenfalls ein MAN-Wagen, der als Nr. 13 im Jahre 1928 (Reihe 10-13) nach Gera geliefert und 1976 zerlegt wurde.

Der Betriebshof wurde zusammen mit der Einstellung der Straßenbahnstrecke Stadtmitte - Lindenthal - Zwötzen am 14. November 1971 geschlossen, als die generelle Umstellung des Geraer Straßenbahnbetriebes auf Bus geplant war.

119

Nach Stillegung der Straßenbahn in Stralsund übernahm die Geraer Straßenbahn 1966 den dortigen LOWA-Triebwagen 13 und nahm ihn als 136 im Betrieb. Weil der Betrieb nach der Einstellung der Straßenbahnproduktion in Gotha 1967 von der Alternative der „Reko-Wagen“ nicht gerade begeistert war, beschloss man, sämtlichen LOWA-Wagen von 1951-53 eine Grundüberholung zu verpassen und sie auf Einrichtungsbetrieb umzubauen. Die Erneuerungsaktion wurde 1967-68 durchgeführt.

Die Aufnahme zeigt einen solchen generalüberholten Zug aus Triebwagen 136 und zwei Gotha-B62-Beiwagen im neuen orange Anstrich beim Bahnhof Gera Süd am 10. Juni 1984. Die modernisierten LOWA-Wagen fuhren noch bis 1990 und gehörten damit zu den letzten Wagen dieses Typs, die noch im Regeldienst standen.

Der abgebildete Triebwagen wurde zunächst der Museumsstraßenbahn in Naumburg geschenkt, die aber wegen fehlender Endschleifen wenig damit anfangen konnte. So wurde der Wagen 2002 an seinen vierten Besitzer weitergereicht, die Straßenbahn in Frankfurt (Oder); hier soll er als Museumswagen 38 fahren.

Die im Krieg kaum beschädigte Altstadt an einem dunklen Frühjahrstag im April 1969. Durch die schmale Geschäftsstraße namens „Sorge“ fährt ein Gotha-T57-Zug von Zwötzen nach Tinz. Triebwagen 151 ist ein Wagen der Reihe 141-151, der Beiwagen stammt aus der Reihe 243-250, beide aus den Jahren 1958-60.

Nach dem Bau von Endschleifen im Geraer Straßenbahnnetz wurden die Zweirichtungswagen an andere Städte abgegeben, dafür kamen Einrichtungswagen neuerer Baujahre zurück. So gingen sämtliche Wagen dieser Reihen 1970-73 nach Nordhausen, Jena, Görlitz und Brandenburg, von den Beiwagen waren 1962 schon vier nach Jena gekommen.

Das Stadtbild hat sich seither vollkommen verändert: Die Sorge ist heute reine Fußgängerzone, Straßenbahnschienen sind hier nicht mehr zu sehen. Seit 1984 befährt die Straßenbahn eine rund 400 m lange, zweigleisige Neubaustrecke parallel zur Sorge, die hinter den Geschäftshäusern verläuft. Die Romantik ist zwar dahin, aber davon allein kann nun einmal weder ein Straßenbahnbetrieb noch die Geschäftswelt leben.

120

121

Seit dem Durchbruch von der Sorge mittels einer Hausunterfahrung an der Johannisstraße hat die Straßenbahn in der Geraer Innenstadt mehr Platz, ein eigener Bahnkörper führt zur zentralen Haltestelle Straße der Republik, heute Heinrichstraße.

Parallel zum Umbau des Gleisnetzes wurde auch der Wagenpark modernisiert. In den Jahren 1978-90 wurden insgesamt 63 vierachsige KT4D-Kurzgelenkwagen (301-363) beschafft, mit denen seit der Wende der gesamte Straßenbahnverkehr in Gera abgewickelt wird. Davon stammen zwei aus Brandenburg und weitere zwei aus Berlin. Zwischen 1999 und 2002 erhielten sechs Wagen (349-354) ein zusätzliches Niederflur-Mittelteil.

Am 10. Juni 1984, nur eine Woche nach Inbetriebnahme der neuen Innenstadt-Trasse, entstand diese Aufnahme des KT4D-Zuges 318 + 317 auf der Linie 1 Tinz - Zeulsdorf kurz vor der Straße der Republik.

Jena

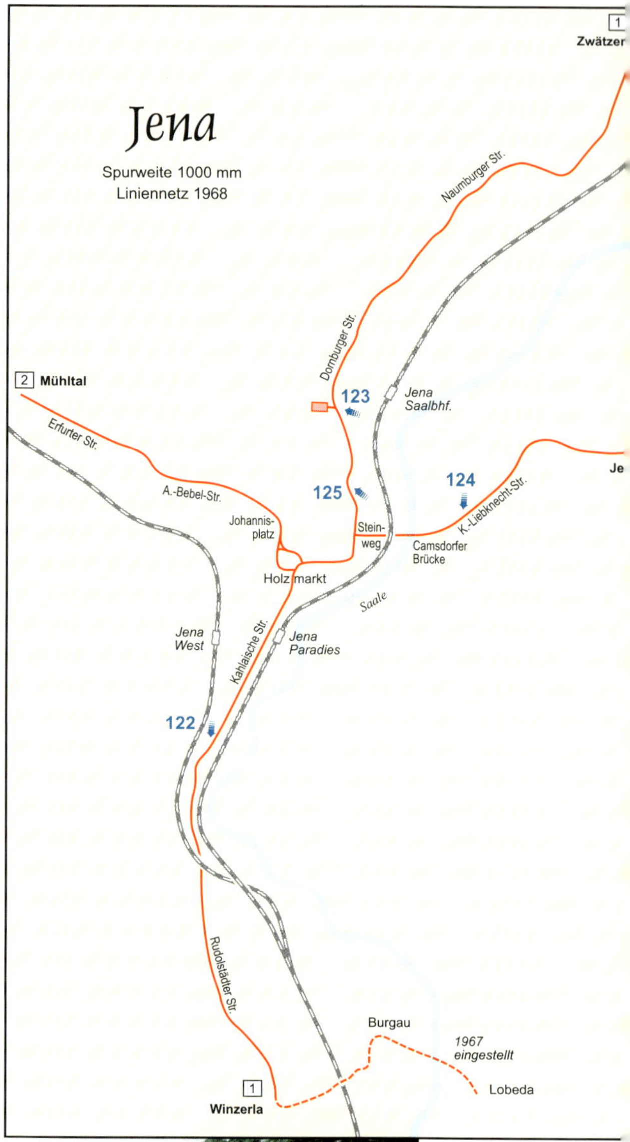

Die Universitätsstadt Jena, an der mittleren Saale gelegen, wird heute noch mit der geistigen Blüte zur Zeit Goethes in Verbindung gebracht. Neben anderen Persönlichkeiten lehrte Schiller hier, dessen Namen die Universität heute trägt. Im 19. Jahrhundert entwickelte sich die weltberühmte feinmechanische und optische Industrie, begründet durch Carl Zeiss und Otto Schott.

Die elektrische Straßenbahn nahm ihren Betrieb 1901 auf. Nach dem Bau der Zweiglinie nach Jena Ost 1914 und der Verlängerung nach Lobeda 1934 war die größte Netzausdehnung mit 18,4 km erreicht. In den sechziger Jahren war die Zukunft des kleinen, stark sanierungsbedürftigen Betriebes ungewiß. Die Strecken Saalbahnhof - Westbahnhof, Winzerla - Lobeda und Holzmarkt - Mühltal wurden 1963-69 eingestellt. Später wurde die Anbindung der neuen Wohnstädte im Raum Lobeda wieder mittels der Straßenbahn geplant. Diese rund 10 km lange Neubaustrecke wurde aber erst nach der Wende ab 1993 realisiert.

122 Auf offensichtlich recht ausgefahrenem Gleis nähert sich am 5. Mai 1968 der LOWA-Triebwagen 116 mit den Gotha-Beiwagen 238 und 224 dem Fotografen. Zwar trägt der Zug keine Liniennummer, aber es handelt sich um die Linie 2, die hier auf dem eingleisigen Abschnitt in der Kahlaischen Straße von Winzerla Richtung Jena Ost unterwegs ist. Autoverkehr ist auf der schmalen Straße neben der Eisenbahn an diesem dunklen Tag kaum zu sehen.

Der Triebwagen gehört zur Reihe 111-118 (ex 1-8) aus den Jahren 1951-56, die schon 1972 wegen schlechten Zustands der Wagenkästen ausgemustert wurde. Seit 1964 wird der „OS“-Verkehr praktiziert, und um die Zeit der Aufnahme herum war sogar die Gesamtstillegung der Straßenbahn in der Diskussion.

Die Straße ist hier inzwischen verbreitert und die Straßenbahn zweigleisig ausgebaut worden.

123

Der alte Betriebshof an der Dornburger Straße liegt in der Stadtmitte und ist ein typisches, verwinkeltes Kleinstadt-Depot. Triebwagen 101 wurde 1928 von der Waggonfabrik Gotha geliefert und ersetzte mit seinen Kollegen (Reihe 101-110, ex 23-32) die Wagen aus dem Eröffnungsjahr 1901. Der gleiche Typ wurde auch in Eisenach und Weimar eingesetzt. Im Liniendienst liefen die Wagen bis 1969/72, wurden dann entweder zu Beiwagen oder wanderten zum Schrott. Daneben stehen zwei LOWA-T50-Triebwagen der Reihe 111-118 (ex 1-8), die ebenfalls nur bis 1972 im Betrieb waren. Die Aufnahme wurde am 5. Mai 1968 geschossen.

124

Am gleichen dunklen Tag wartet an der Ausweiche Karl-Liebknecht-Straße in Jena Ost ein Zug der Linie 2 auf seinen Gegenzug nach Winzerla. Auch dieser Triebwagen führt keine Liniennummer; auch der Hinweis „OS“ fehlt, statt dessen informieren Schilder neben den Türen die Fahrgäste über die Selbstbedienung. Weil am Endpunkt Jena Ost keine Endschleife vorhanden ist, behielt man in Jena immer eine gewisse Zahl Zweirichtungswagen in Betrieb.

Der Gotha-T57-Triebwagen 123 stammt aus der Reihe 121-128 (ex 9-14), gebaut 1959-61; die letzten vier Wagen der Serie wurden aus Gera und Nordhausen übernommen. Der Triebwagen erhielt 1983 die EDV-Nummer 6600 037, wurde 1993 schließlich zur 103 im heutigen Nummernschema und ist einer der wenigen T57, die nicht aus zweiter Hand von anderen Städten gekauft wurde. Die Beiwagen 206 und 210 gehören zur Reihe 204-212 aus dem Jahre 1927 und wurden 1937 aus Weimar gekauft, wo sie bis zur dortigen Stillegung als Triebwagen im Einsatz waren. Sie wurden zwischen 1971 und 1974 verschrottet.

Heute verfügt die Jenaer Straßenbahn neben Woltersdorf und der Kirnitzschtalbahn über die größte Flotte von Gotha T/B57-Zweirichtungswagen in den neuen Bundesländern, weil es hier noch mehrere Umsetz-Endhaltestellen gibt. Sie werden aber nun zügig durch neue Niederflurzüge in Zweirichtungsbauart ersetzt.

125

Dass auch in Jena der Gleiszustand sehr zu wünschen übrig ließ, wird deutlich, wenn man die Stellung der Wagen dieses stilreinen Gotha-T/B62-Einrichtungszuges miteinander vergleicht... Der Zug der Linie 1 von Zwätzen zum Holzmarkt wurde am 13. Juni 1984 am Neuen Friedhof in der Saalbahnhofstraße aufgenommen.

Der Triebwagen entstammt der früheren Reihe 131-139 (davon wurden 136-139 von CKD Tatra gebaut, 138-139 aus Halle übernommen). Die abgebildete Wagennummer 034 braucht allerdings eine Erklärung: Vom Kraftverkehr übernommen, wurde 1983 in Jena eine komplizierte und sehr unpraktische EDV-Wagennumerierung eingeführt, wobei die Gotha-T62 die Gruppe 6630 zugeteilt bekamen. Die Beiwagen bildeten die Gruppe 6640, die Zweirichtungs-T/B57 die Gruppen 6600 bzw. 6610 und die Rekowagen die 6620 bzw. 6622. Diese Nummer wurde ergänzt durch eine dreistellige Folge- bzw. Prüfnummer, die als einzige auf den Fahrzeugen angeschrieben wurde. So gab es augenscheinlich willkürliche Nummern, wobei nicht nur verschiedene Typen von Triebwagen, sondern auch Beiwagen durcheinander numeriert waren und sogar Doppelbesetzungen vorkamen. Erst ab 1993 wurde dieses irreführende System verlassen, und die noch verbliebenen Wagen erhielten wieder dreistellige Nummern. Dabei wurden den Triebwagen die Nummern ab 101, den Beiwagen ab 151 zugeteilt. Der abgebildete Triebwagen 034 ist also der 6630 034 (ex 132).

Naumburg

Die Kleinstadt Naumburg, im Mittelalter eine bedeutende Handelsstadt und 500 Jahre lang auch Bischofssitz, liegt unweit der Mündung der Unstrut in die Saale. Der berühmte Naumburger Dom St. Peter und Paul wurde um 1200 begonnen und vereint romanische und gotische Stilelemente. Die Innenstadt hat ihr mittelalterliches Erscheinungsbild bewahren können - Mittelpunkt ist der Markt (zu DDR-Zeiten Wilhelm-Pieck-Platz) mit dem spätgotischen Rathaus und zahlreichen schönen Bürgerhäusern.

Seit 1892 verkehrte in Naumburg eine meterspurige Dampfstraßenbahn, die den etwas abseits gelegenen Bahnhof mit dem Zentrum verband. Die Bahn wurde 1907 elektrifiziert und zu einer Rundbahn erweitert. Mit nur 4,8 km Länge war sie einer der kleinsten Betriebe in der DDR. Der erhebliche Sanierungsbedarf nach der Wende und der Verkehrsrückgang führten 1991 zur Einstellung. Straßenbahnfreunde übernahmen inzwischen die Anlagen und führen auf dem Rest des leider nicht mehr kompletten Rings Museumsfahrten durch.

126

Am 17. Mai 1966 wartet ein bescheidener, aber sehr gepflegter Zug in der Ausweiche vor dem Bahnhof auf den Gegenzug. Der Bahnhofsvorplatz ist nahezu autofrei, die Straßenbahn hat noch ihre Bedeutung für die zahlreichen Pendler Richtung Weißenfels und zu den Chemiewerken in Leuna.

Triebwagen 15 (Reihe 11-18) stammt ursprünglich aus Leipzig (Reihe 904-1000, Baujahre 1910-13) und wurde 1955/56 von Gotha für den Einsatz in Naumburg umgespurt. Ein Versuch mit größeren LOWA-Triebwagen scheiterte, weil man auf der Ringlinie mit ihren vielen scharfen Kurven nur kleine Wagen mit kurzem Radstand einsetzen konnte.

Der kurze Beiwagen 1 (und der baugleiche Nr. 2) entstand 1958 auf gleiche Weise aus den Lindner-Beiwagen 294-295 aus Halle, ehemalige Triebwagen aus dem Jahre 1908. Beiwagen wurden nur im Berufsverkehr gebraucht, ansonsten genügte meistens ein Einzeltriebwagen. Bereits 1962 wurde der schaffnerlose Betrieb („OS“) eingeführt.

127 Naumburg blieb im Zweiten Weltkrieg von Luftangriffen verschont und behielt seinen mittelalterlichen Charakter. Stattliche alte Häuser umsäumen den Markt, der 1966 natürlich Wilhelm-Pieck-Platz hieß. Die kleinstädtische Straßenbahn mit ihren 50 Jahre alten Fahrzeugen paßt so recht in diese Umgebung. Der Verkehr war damals noch beachtlich, wie der Andrang zum Triebwagen 13 zeigt. Einige von den umgespurten Triebwagen 11-18 ex Leipzig wurden noch bis 1979 eingesetzt; Triebwagen 18 (ex 15) ging als Museumswagen nach Halle.

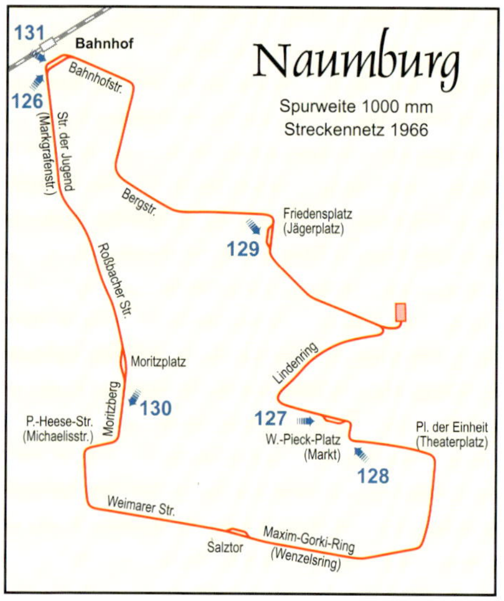

Marco Moerland

128

Nochmals der Naumburger Marktplatz (Wilhelm-Pieck-Platz) mit Blick auf das imponierende spätgotische Rathaus aus dem 16. Jahrhundert. Zehn Jahre nach dieser Aufnahme, am 12. April 1976, verschwand hier die Straßenbahn aus dem Stadtbild. Für die Umgestaltung des Marktes und der angrenzenden Straßen zur Fußgängerzone wurde die Strecke zwischen Lindenring und Platz der Einheit (Theaterplatz) stillgelegt.

Bis Ende 1981 blieb der Straßenbahnring unterbrochen, dann kam eine 550 Meter lange Neubaustrecke über den Marienring zustande, die den Rundverkehr wieder ermöglichte. Anfangs fuhr die Straßenbahn nur in einer Richtung, ab 1982 wieder in beiden Richtungen, die durch die Liniennummern 1 und 2 unterschieden wurden. Immer wieder jedoch führten dringend notwendige Bauarbeiten an Strecke und Oberleitung zu lang andauernden Betriebseinstellungen. Erst am 25. Juni 1987 kam die Bahn wieder zu einem regelmäßigen Betrieb, allerdings nur noch als Linie 1 entgegen dem Uhrzeigersinn. Im November 1987 änderte man die Fahrtrichtung, und nun fuhr die einzige Linie als Linie 2 ...

129

Ab 1972 wurde der Wagenpark „erneuert“ durch den Ankauf von gebrauchten Lindner-Wagen aus Halle (Baujahr 1927/28). 1972-74 gingen fünf Wagen in Betrieb und ersetzten als Triebwagen 11, 12, 14, 16 und 19 die kleinen Leipziger. Sie blieben aber nur kurze Zeit in Naumburg betriebsfähig, fielen Unfällen zum Opfer oder wurden wegen Ersatzteilmangels abgestellt. Nach und nach kamen vier weitere gleichartige Wagen aus Halle als Ersatz für die abgestellten Fahrzeuge; meist erhielten sie die Wagennummer ihres Vorgängers (14, 16, 17, und noch einmal 14). Bis 1981 waren diese Triebwagen alle wieder ausrangiert, nur Wagen 17 (ex Halle 643 ex 183) blieb Museumswagen.

Auf dem Foto vom 30. Mai 1981 ist der Triebwagen 11 zu sehen, der von allen am längsten durchhielt und bis 1982 in Betrieb stand. An der Ausweiche Friedensplatz kreuzt er den LOWA-Triebwagen 20. Auch hier in der Vorstadt prägt Kleinstadtatmosphäre mit alten Häusern und gepflasterten Straßen das Bild.

130

Die Naumburger Straßenbahn hatte eine nicht zu verachtende Gefällstrecke am Moritzberg, den der Gotha-T 57-Triebwagen 32 mit seinem Beiwagen 11 oder 12 vorsichtig hinunterschleicht. Daß der Gleiszustand nicht der beste ist, ist offensichtlich. Das hatte auch Auswirkungen auf die Fahrzeit. Das „Blaue Band" bei der Naumburger Straßenbahn lag für eine komplette Runde bei 14 Minuten. Bei einem Besuch von 80 (!) niederländischen Straßenbahnfreunden setzte der Betrieb am 30. Juni 1991 einen Gotha-T/B2D-Zug ein, der damit voll besetzt war. Der Fahrer meinte, er hätte nun die Chance, den bisherigen Fahrzeitrekord zu brechen, weil der Zug mit dieser Last „gut auf den Schienen liege". Trotz ernsthafter Versuche mit diesem vollsten Zug seit Jahren dauerte die Rundfahrt zur großen Enttäuschung des Wagenführers 16 Minuten...

Nachdem die Ringlinie 1981 wieder durchgehend befahrbar war, kamen auch drei Gotha-Wagen Typ T 57 aus Nordhausen und Plauen (30-32) nach Naumburg. Die größte einheitliche Serie bildeten ab 1982 die sieben T2D-Wagen 40-46 (Gotha-Nachbau von CKD-Tatra), die wiederum aus Halle übernommen wurden, aber großteils schon 1984-89 wegen schlechter Wagenkästen ausschieden.

131

Am Bahnhofsplatz, wo die DDR-Machthaber die übliche Propaganda zum Maifeiertag zeigen, kreuzen am 1. Mai 1984 die LOWA-Triebwagen 20 und 21 im neuen orange Anstrich.

Bereits 1951 waren in Naumburg zwei LOWA-Triebwagen in Betrieb genommen worden, wegen ihres großen Radstandes bewährten sie sich jedoch nicht und wurden 1957 an Cottbus weitergegeben. Nachdem die schärfsten Kurven mit Stillegung der Strecke über den Markt eliminiert waren, konnten ab 1980 als Ersatz für die Lindner-Wagen insgesamt sieben LOWA-T 50-Triebwagen aus Plauen, Nordhausen und Gera (Reihe 20-26) sowie die schon erwähnten Fahrzeuge des Gotha-Typs in Betrieb genommen werden.

Teilweise standen die LOWA-Wagen noch bis zur Einstellung des Betriebes am 18. August 1991 im Dienst. Kurz vor der Stillegung kamen die Triebwagen 27-28 aus Gera (ex Stralsund), die aber als Einrichtungswagen ausgeführt waren. Auch ein LOWA-Beiwagen kam 1985 noch aus Halberstadt als Nr. 1 hinzu. Seit der Einstellung bemüht sich eine aktive Gruppe darum, wenigstens einen Teil der ehemaligen Rundbahn als Museumsbahn zu erhalten, und organisiert gelegentlich Betriebstage. Heute gehören die LOWA-Triebwagen 23, 27, 28 und der Beiwagen 1 noch zum Museumsbestand. Die kleine Naumburger Straßenbahn ist die einzige, die nach der Wende in der ehemaligen DDR zwar stillgelegt wurde, aber noch nicht ganz verschwunden ist. Ein Teil der Strecke ist sogar erneuert, damit wenigstens der Abschnitt Bahnhof - Theaterplatz (etwa 2½ km lang) befahrbar bleibt.

Erfurt

132

Die heutige Thüringer Landeshauptstadt blieb im letzten Krieg - ähnlich wie Bonn und Heidelberg in Westdeutschland - von Luftangriffen verschont, so dass der mittelalterlichen Altstadt ihre Anziehungskraft für Touristen erhalten blieb. Die leider vernachlässigten historischen Häuser der Marktstraße bilden am 18. Mai 1966 einen schönen Hintergrund für den Vorkriegs-Gotha-Triebwagen 98, der mit Beiwagen 261 auf den Domplatz einbiegt. Die Linie 3 führt von der Käthe-Kollwitz-Straße zu den Kliniken der Medizinischen Akademie.

Erfurt war eine der wenigen Städte, wo in den dreißiger und vierziger Jahren eine Serie von Neubauwagen in Dienst gestellt wurde: die benachbarte Gothaer Waggonfabrik baute 1936-44 die 36 formschönen Triebwagen 82-117, die teilweise bis 1971 im Liniendienst verkehrten. Sie hatten bereits einige Merkmale des damals geplanten Deutschen Einheitswagens. Mitte der sechziger Jahre läutete die Beschaffung von Gotha-G4-Gelenkwagen den Abschied von diesen Fahrzeugen ein: 1964/65 wurden einige Wagen an benachbarte Kleinbetriebe wie Eisenach, Mühlhausen und Nordhausen abgegeben, wo sie immerhin die modernste Fahrzeuggeneration darstellten! Acht Wagen gingen 1968 an die Lockwitztalbahn bei Dresden, wo sie zuerst gründlich überholt wurden. Nach deren Stillegung kamen fünf Wagen zur Kirnitzschtalbahn, wo sie bis 1995 verkehrten und seitdem noch drei als Museumswagen erhalten blieben. Erfurt selbst holte 1980 den Triebwagen 92 als Museumsfahrzeug zurück, der ab 1965 in Eisenach gefahren und nach der dortigen Stillegung 1976 nach Gotha weitergereicht worden war.

Der abgebildete Beiwagen 261 gehört zu einer Kleinserie von Einrichtungswagen (260-262), die von Gotha 1956 gebaut wurde und als Vorläufer der späteren Gotha-Einheitswagen zu betrachten ist; die Serie blieb bis 1971 im Betrieb.

Die heutige Landeshauptstadt von Thüringen liegt im Süden des fruchtbaren Thüringer Beckens an dem Flüßchen Gera. Die hier vorbeiführende Handelsstraße vom Rheinland nach Russland brachte für Erfurt schon im Mittelalter die Entwicklung zur Handelsstadt. Im 19. Jahrhundert entwickelte sich der Gartenbau zu einem wichtigen Wirtschaftszweig, heute noch durch die Internationale Gartenbau-Ausstellung „iga“ dokumentiert. Der Zweite Weltkrieg ging an Erfurt glücklicherweise ohne große Schäden vorbei, so daß die reizvolle Altstadt - inzwischen auch großzügig restauriert - erhalten blieb.

1883 fuhren die ersten Pferdebahnlinien durch die Stadt, 1894 war das Netz elektrifiziert und wurde in den Folgejahren weiter ausgebaut. Auch zu DDR-Zeiten blieb die Straßenbahn unumstritten. 1960 erhielt die Gartenbauausstellung Anschluss, ab 1973 wurden Neubaustrekken in die großen Wohngebiete im Norden der Stadt angelegt. Weitere Verlängerungen folgten ab 1979 im Süden, nach der Wende vom Nordbahnhof zum Wohngebiet Roter Berg. Inzwischen wird Erfurt von modernen Niederflurwagen erobert - die folgenden Bilder zeigen dagegen noch einmal den Betrieb zwischen 1966 und 1984.

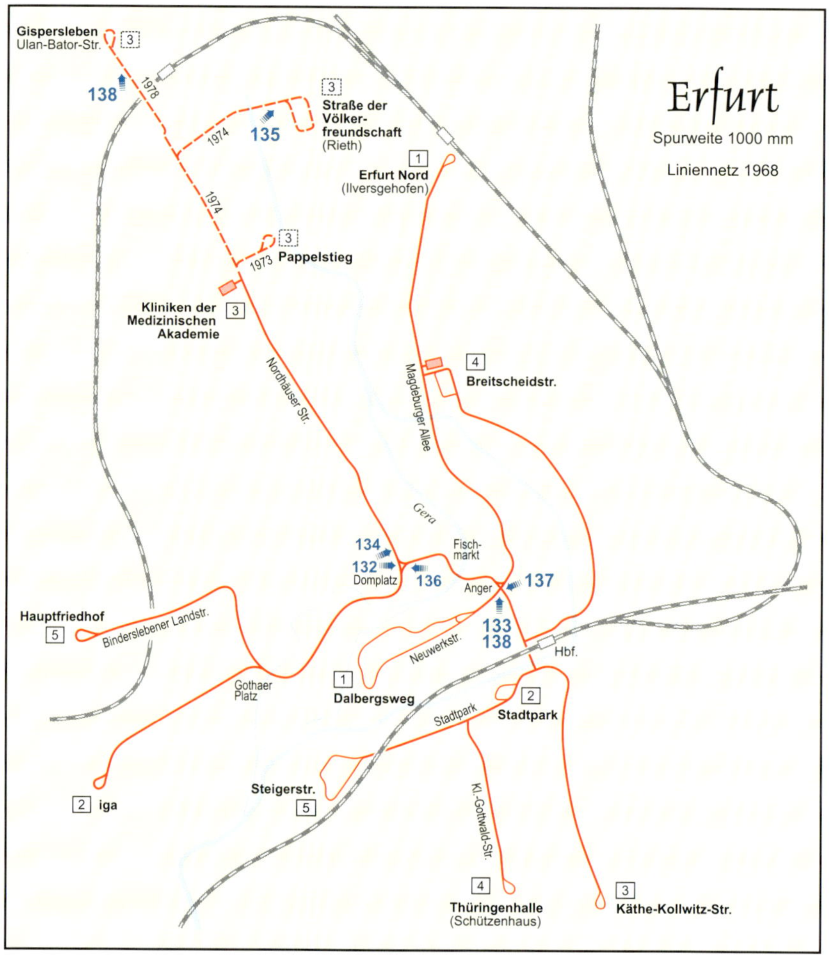

Zusammen mit Leipzig hatte Erfurt die größte Flotte an vierachsigen G4-Gelenkwagen von Gotha, von denen 1959 der Prototyp-Triebwagen 151 in Betrieb kam. In den Jahren 1961-67 folgten noch 39 Wagen (152-190), mit denen vor der Ära der Tatra-Gelenkwagen ein gewichtiger Teil des Verkehrs abgewickelt wurde.

Triebwagen 157 verläßt den Verkehrsmittelpunkt Erfurts, den von mittelalterlichen Häusern umsäumten Anger, auf der Linie 5 vom Hauptfriedhof zur Steigerstraße. Außer der Bahn sind keine Fahrzeuge unterwegs, der Platz wurde später zur Fußgängerzone. Die G4-Wagen fuhren noch bis 1989, von 1981 bis 1989 wurden nach und nach bereits 17 Wagen an Nordhausen abgegeben. Der heutige Museumswagen 178 kommt aus Gotha, war dort Triebwagen 206 und wird in Erfurt für Stadtrundfahrten eingesetzt.

133

134

Im Schatten der Bäume am Domplatz hält am 18. Mai 1966 Gotha-Triebwagen 96 mit dem typengleichen Beiwagen 245 (Reihe 245-256 ex 145-156, Baujahr 1942). Die Linie 3E verbindet in der Mittagsspitze die Kliniken mit der Schleife Stadtpark am Hauptbahnhof. Bahn und Häuser (mit alter Reklameschrift am Giebel) bilden eine wunderschöne Vorkriegsszene, die Zeit hat anscheinend seit den dreißiger Jahren stillgestanden....

Der Straßenbahnzug wirkt, wie meistens in Erfurt, sehr gepflegt. Die Schilder neben den Einstiegstüren des Triebwagens zeigen an, dass der Zug im „Z"-Betrieb fährt und nur noch der Beiwagen mit einem Schaffner besetzt ist. Der Schaffnerbetrieb wurde ein Jahr später aufgegeben.

135

Ein augenfälliger Kontrast zum vorigen Bild: Trostloses Wetter herrscht am 3. April 1975, und die vom sozialistischen Plattenbau geprägte Umgebung ist alles andere als romantisch. Das Wendedreieck mit dem schönen Namen „Straße der Völkerfreundschaft" bildet den Endpunkt einer Neubaustrecke, die ein Jahr zuvor entstanden ist. Ein Gotha-T/B 61-Zug aus Triebwagen 136 und den Beiwagen 232 und 272 wartet auf seine Abfahrt als Linie 3 Richtung Käthe-Kollwitz-Straße. Der nächste Zug steht schon dahinter, während im Hintergrund ein Vorkriegszug im Dreieck wendet.

Gotha-Triebwagen 136 gehört zur Reihe 133-141, die beiden Beiwagen zur Reihe 232, 234, 259, 270 - 281, die bis 1989 im Einsatz blieben. Einige Wagen wurden zu Arbeitswagen oder an Frankfurt/Oder bzw. Brandenburg abgegeben. Ein Jahr nach der Aufnahme wurden auf der Linie 3 Tatra-Gelenkzüge eingeführt.

136

Der Erfurter Domplatz am 18. Mai 1966: Ein Gotha-T/B 57-Zweirichtungszug auf der Linie 5 unterwegs von der Steigerstraße zum Hauptfriedhof. Der sehr gepflegt wirkende Triebwagen 132 (Reihe 121-132) zieht den Beiwagen 264 (Reihe 263-269). Die Ausführung der 1957 - 61 gebauten T/B 57-Wagen mit Zierleisten unterscheidet sich deutlich von den viel einfacher gebauten T61-Einrichtungswagen (Bild 135).

Nach dem Eintreffen von Tatra-Gelenkwagen wurde die Hälfte der Erfurter T/B 57 nach Frankfurt/Oder abgegeben, die restlichen 1987-90 ausgemustert, darunter auch der abgebildete Triebwagen 132. Ein ehemaliger Erfurter überlebt bis heute in Cottbus: Triebwagen 121 kam nach Frankfurt/Oder, wurde dort Partywagen und schließlich nach Cottbus weitergegeben.

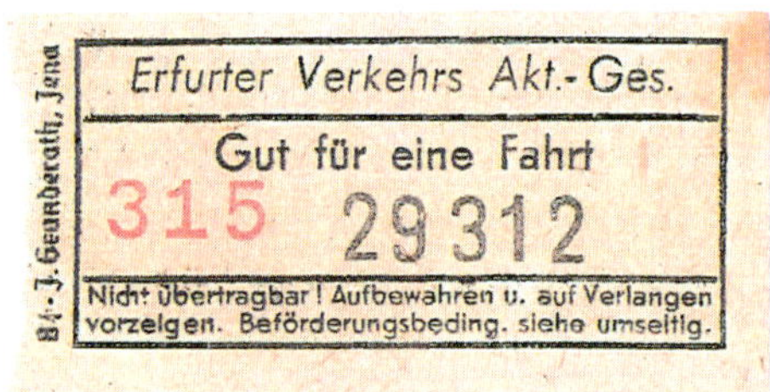
Erfurter Verkehrs Akt.-Ges.
Gut für eine Fahrt
315 29312
Nicht übertragbar! Aufbewahren u. auf Verlangen vorzeigen. Beförderungsbeding. siehe umseitig.
84 · J. Geunberath, Jena

137

Gleisarbeiten am Anger am 13. Juni 1984. Der G4-Gelenkwagen 178 ist auf der Linie 1 vom Hauptfriedhof nach Erfurt Nord unterwegs, gefolgt von einem Tatra-KT4D-Zug der Linie 2. Offenbar fehlt das Geld zur Erneuerung des eigentlichen Kreuzungsbereiches, die Schienen werden nur bis knapp an die Kreuzungsstücke ausgewechselt.

Der Anger ist inzwischen zur Fußgängerzone geworden - die Bahnen teilen sich den Platz nur mit zahlreichen Passanten. Das Stadtbild mit seinen schönen historischen Bauten zieht damals wie heute viele Touristen an.

138

Das Bild der neuen Trabantensiedlungen gleicht dem vieler anderer Städte in der DDR. Große Wohnsilos werden durch breite Straßen und großzügig trassierte Neubaustrecken der Straßenbahn erschlossen. Im Norden Erfurts wurde die Linie 3 mit fortschreitendem Wohnungsbau in mehreren Stufen verlängert.

Auf dem eigenen Bahnkörper neben der Nordhäuser Straße hat der 57 m lange Tatra-KT4D-Zug 447 + 448 + 425 am 13. Juni 1984 seine Endhaltestelle Ulan-Bator-Straße im Stadtteil Gispersleben verlassen und strebt wieder dem Stadtzentrum zu.

Die KT4D wurden in Erfurt ab 1976 in Betrieb genommen und bis 1990 in einer Serie von 155 Stück gebaut (401-555). Die Ausführung der letzten Lieferung nach der Wende war derart schlecht, dass sieben Wagen direkt an Cottbus weitergegeben wurden (dort 66-72), ohne je in Erfurt gefahren zu sein. Von 1992 bis 1999 wurden 62 Wagen modernisiert, von den übrigen wurden mehrere zerlegt, einige abgegeben, so 1994 vier nach Görlitz, 2002 sechs nach Gotha.

139

Der Anger in der mittelalterlichen Altstadt von Erfurt. In der historischen, weitgehend restaurierten Umgebung wirkt eine KT4D-Dreifachtraktion auf der Linie 3 besonders eindrucksvoll: der Zug passt kaum an die Haltestelle.

Der von Wagen 451 geführte Kurs der Linie 3 fuhr am 13.6.1984 abweichend nach Melchendorf.

Gotha und Thüringerwaldbahn

Die Stadt Gotha, an den nördlichen Ausläufern des Thüringer Waldes gelegen, erhielt schon Ende des 12. Jahrhunderts Stadtrecht und war ab 1640 Haupt- und Residenzstadt des Herzogtums Sachsen-Gotha-Altenburg, von 1825 bis 1918 gemeinsam mit Coburg Hauptstadt des Herzogtums Sachsen-Coburg-Gotha. Hier gründete Justus Perthes seine „Geographische Anstalt" und gab wesentliche Anstöße für die moderne Kartografie, die ersten modernen Feuer- und Lebensversicherungen entstanden Anfang des 19. Jahrhunderts in Gotha. Nicht zu vergessen ist auch die Waggonfabrik, die bis 1969 Straßenbahnwagen für den gesamten Ostblock produzierte.

Die Straßenbahn kam in Gotha 1894 ans Rollen, von Anfang an elektrisch. Bis 1902 wurde die eingleisige Linie zu einer Rundbahn, ausgehend vom Bahnhof, erweitert; 1911 kam die Linie zum Friedhof hinzu, 1928 die zum Ostbahnhof. Schon um die Jahrhundertwende wurde ein großes Überlandbahnnetz geplant, aber erst 1914 begannen die Bauarbeiten an der Thüringerwaldbahn, die nach kriegs- und inflationsbedingter Pause erst 1929 zum Abschluß gebracht wurden. Heute existiert vom Stadtnetz nur noch die Verbindung Hauptbahnhof - Ostbahnhof und der gemeinsam mit der Waldbahn befahrene Ast zum Betriebshof an der Waltershäuser Straße.

140

Nach dem Bau von LOWA-Wagen erprobte die Gothaer Waggonfabrik 1955 einige Prototypen, die Triebwagen 40-42 für die örtliche Straßenbahn, die als Vorläufer des späteren T57-Typs zu betrachten sind. Wagen 40 weist schon einige Kennzeichen dieser späteren DDR-Einheitswagen auf. Am 18. Mai 1966 ist er ohne Schaffner auf der Linie 2 (ohne Linienzeichen) unterwegs zum Ostbahnhof in der Huttenstraße, dicht gefolgt vom LOWA-Triebwagen 33 (32-34 ex Thüringerwaldbahn 60-62, Werdau/1951) auf der Linie 1. Die hier noch eingleisige Strecke wurde kurze Zeit später nach Verbreiterung der Straße doppelgleisig auf eigenen Bahnkörper verlegt. Die in Fahrtrichtung linken Türen sind geöffnet, weil die Haltestellen auf dem eingleisigen Abschnitt auf dieser Straßenseite liegen.

141

Die wahrscheinlich kürzeste Straßenbahnlinie der DDR dürfte die Gothaer Pendellinie 3 gewesen sein, nur 1½ km lang mit drei Haltestellen. An der idyllischen Stumpf-Endhaltestelle Hauptfriedhof wartet am 18. Mai 1966 Triebwagen 22 auf Fahrgäste Richtung Arnoldiplatz. Das „OS“-Schild weist darauf hin, dass nur der Fahrer im Wagen ist. Der Triebwagen, 1927/28 im Rahmen der Serie 14-16, 20-23 von der ortsansässigen Waggonfabrik hergestellt, ist eine kleinere Ausführung der Thüringerwaldbahn-Wagen. Die Mini-Linie 3 wurde am 1. Juli 1985 durch eine Omnibuslinie ersetzt, der Triebwagen ein Jahr später ausgemustert.

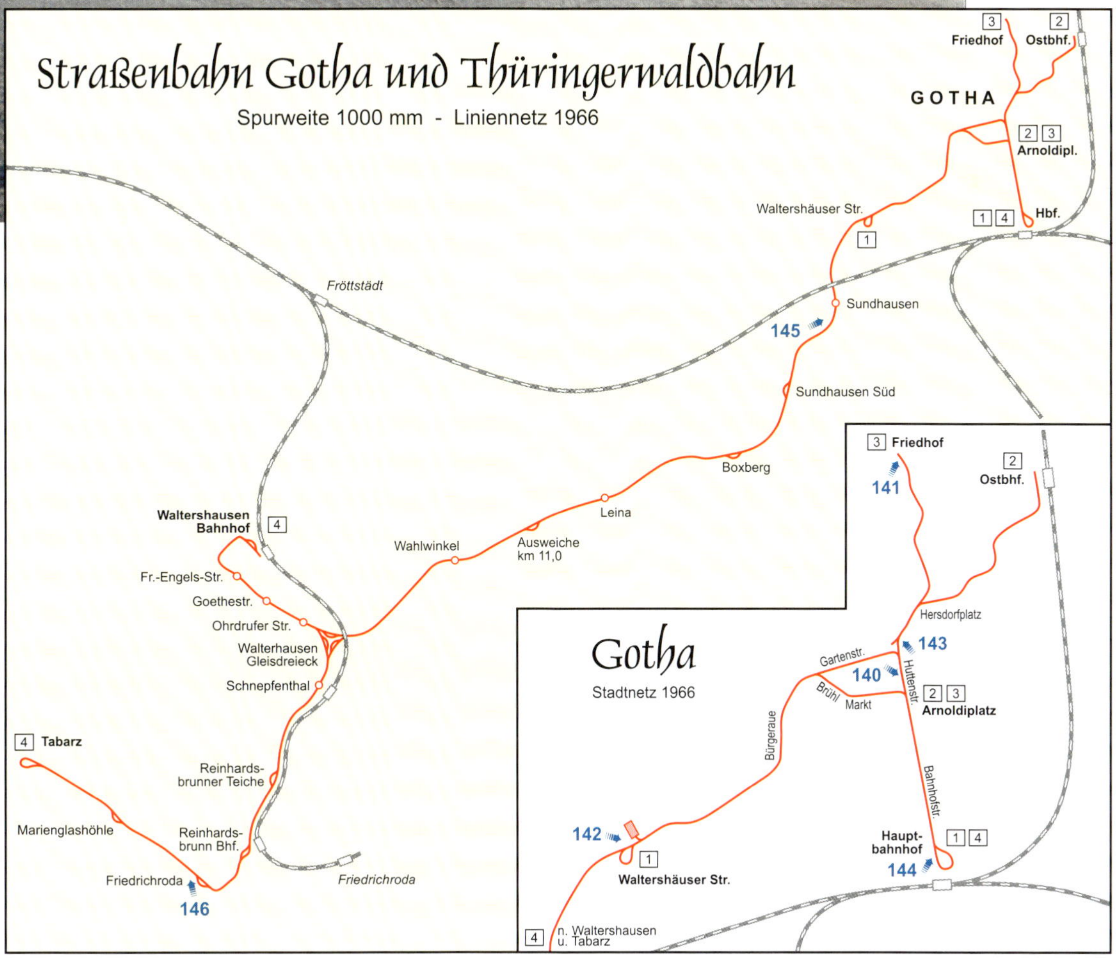

142

Seit die Thüringerwaldbahn 1929 eröffnet wurde, war diese immer eng verbunden mit der Gothaer Straßenbahn, aber betrieblich getrennt. So gehörten sieben Wagen der 1965-67 beschafften Gotha-G4-Gelenkwagen 201-216 zur Waldbahn.

Triebwagen 206 ist am 18. Mai 1966 auf der Stadtlinie 1 im Einsatz. Aus Richtung Bahnhof kommend hat er den Betriebshof an der Waltershäuser Straße erreicht, um dort in der Schleife zu wenden. Gotha wurde im Krieg arg getroffen, nur die Vororte blieben unbeschädigt. Auffallend sind die alten Bogenmasten der Oberleitung.

Einige G4-Gelenkwagen blieben noch bis 1995 im Linieneinsatz. Wagen 215 blieb in Gotha als Museumswagen, der abgebildete Wagen 206 wurde in Erfurt zum Museumswagen 178, und Wagen 202 erhielt die Museumsbahn in Naumburg. Zwei Teile des Triebwagens 201 wurden für den Arbeitswagen 21 in Erfurt verwendet.

143

Bestimmt schon lange nicht mehr gewaschen wurde dieser Zug der Linie 2, der am 13. Juni 1984 an der Hersdorfstraße aufgenommen wurde. Die Linie führt vom Ostbahnhof zum Hauptbahnhof und ist mit einer Länge von 2½ km auch eine der kürzesten Straßenbahnlinien der DDR.

T2D-Triebagen 35 (Reihe 34-37) wurde 1968 als Nachfolger der örtlichen Gotha-Produktion vom CKD-Tatrawerk in Prag gebaut, dahinter der ein Jahr jüngere und nun wieder von der Gothaer Waggonfabrik gelieferte Beiwagen 75 (Reihe 70-76). Triebwagen 37 blieb als Arbeitswagen 3 erhalten.

144

Die Thüringerwaldbahn ist eine der wenigen Überland-Straßenbahnen (oder elektrischen Kleinbahnen) in Deutschland. Sie wurde 1929 mit zehn Triebwagen (50-59) der ortsansässigen Waggonfabrik eröffnet und später als Linie 4 in das Gothaer Netz eingebunden.

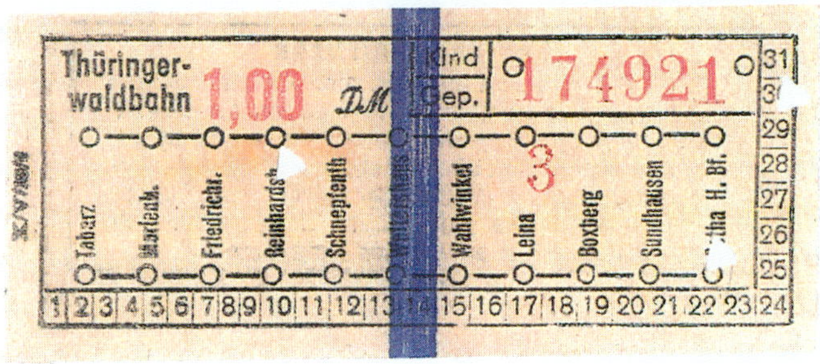

Ausgangspunkt der „Waldbahn" ist die mehrgleisige Anlage vor dem Hauptbahnhof Gotha, wo der Triebwagen 50 mit dem 1942 gebauten Beiwagen 89 (Reihe 87-89) jeden Moment nach Waltershausen abfährt. Am 18. Mai 1966 herrscht hier reger Betrieb: auf dem linken Gleis kommt der G4-Gelenkwagen 206 auf der innerstädtischen Linie 1 an, und hinter dem abfahrbereiten Waldbahnzug wartet schon der nächste Kurs der Linie 4: eine Gotha-T/B57-Garnitur aus Triebwagen 43 + Beiwagen 96.

Die Thüringerwaldbahn-Triebwagen aus dem Eröffnungsjahr schieden zwischen 1967 und 1971 aus und wurden teilweise noch zu Arbeitswagen, die schließlich auch 1975/76 verschrottet wurden. Nur ein Zug aus Triebwagen 56, Beiwagen 82 und Güterwagen 101 blieb als Museumszug betriebsfähig und wird regelmäßig zu Sonderfahrten eingesetzt.

145

Von den Gotha T/B57-Zweirichtungszügen der Baujahre 1957-63 (Triebwagen 44-47, Beiwagen 91, 94-98) gehörte die Mehrzahl zur Thüringerwaldbahn. So auch der Zug aus Tw 44 + Bw 94, der als Linie 4 von Gotha nach Waltershausen unterwegs ist und am 18. Mai 1966 bei Sundhausen an der Landstraße entlang schaukelt.

Als einziger dieser Reihe blieb Triebwagen 47 erhalten, von den Beiwagen wurde Nr. 93 zum Museumswagen.

146

Wegen ausbleibender Öllieferungen der Sowjetunion musste die DDR während einer Ölkrise Brennstoff sparen und schaltete bei mehreren Betrieben die Straßenbahn beim Güterverkehr ein, so auch in Gotha. Schön beschriftet als „Jugendzug“ - und daher sicher gelegentlich von einem 17-jährigen Mädchen oder einem männlichen Zeitgenossen gefahren -, rollt am 13. Juni 1984 ein Güterzug aus Tabarz in die Ausweiche Friedrichroda. Triebwagen 40 zieht den Beiwagen 91 sowie den gedeckten Güterwagen 101. Als die Aufnahme entstand, setzten die meisten Betriebe schon keine Güterzüge mehr ein. So war diese Begegnung im Wald - trotz mangelhafter Lichtverhältnisse - schon etwas Besonderes.

Gotha nahm im Mai 1982 den Güterverkehr auf der Thüringerwaldbahn wieder auf. Hier wurde vor allem Stückgut zwischen Bahnhof Gotha und Tabarz transportiert. Die Gotha-Wagen 40 und 91 wurden dafür entsprechend umgebaut. Die gedeckten Güterwagen 101-102 waren schon 1928 beschafft worden und dienten ursprünglich dem Transport von Reisegepäck sowie Skiern und Schlitten.

Eisenach

Zentrum der Wartburgstadt Eisenach ist der Markt mit dem barocken Stadtschloß aus der Mitte des 18. Jahrhunderts (links), an dem eine Gedenktafel an Charlotte von Stein erinnert, die einst Goethes Urfaust der Nachwelt erhalten hat. Im Hintergrund das Rathaus, an dem sich die Straßenbahn links vorbei durch die enge Altstadt Richtung Karlsplatz zwängt.

Vor dieser historischen Kulisse liegt die Ausweiche der Eisenacher Straßenbahn, mit rund 7,5 km Netzlänge einer der kleinsten der DDR. Hier begegnen sich die Triebwagen 20 (Reihe 19-24, Gotha/1928) und 41 (Reihe 40-45, Baujahr 1938 ex Erfurt) auf der Linie Krankenhaus - Oststadt. Zu Silvester 1975 wurde diese heute romantisch anmutende Kleinstadtstraßenbahn stillgelegt, die seit 1958 nur noch aus der genannten Hauptlinie und einer kurzen Seitenlinie zum Westbahnhof bestand - beide ohne Liniennummer. Die Wagenserie 19-24 wurde nach der Einstellung verschrottet bis auf zwei Fahrzeuge: Triebwagen 19 kam nach Jena als Museumswagen, Wagen 24 erhielt noch eine Gnadenfrist als Arbeitswagen in Erfurt.

Das alte Städtchen Eisenach, zusammen mit der Wartburg um 1100 gegründet, liegt am Nordwestrand des Thüringer Waldes. Berühmte Namen verbinden sich mit Stadt und Burg: neben Martin Luther auch die Minnesänger Wolfram von Eschenbach und Walther von der Vogelweide oder die Komponisten Johann Sebastian Bach, Franz Liszt und Richard Wagner. Seit 1898 werden in Eisenach Autos gebaut - früher u.a. der BMW Dixi, zu DDR-Zeiten der „Wartburg“ und seit der Wende Opel-Pkw.

Die Straßenbahn hängt ebenfalls mit der Wartburg zusammen - die ersten Pläne sahen u.a. eine Zahnradbahn zur Burg vor. Diese wurde zwar nicht realisiert, aber 1897 wurde eine erste elektrische Linie in Betrieb genommen. Daraus entwickelte sich bis 1925 ein kleines Netz, das sich eingleisig durch die engen Straßen zu den Endpunkten Marienthal, Oststadt, Krankenhaus und Westbahnhof schlängelte.

1968 besuchte der Autor dieses Idyll einer Kleinstadt-Straßenbahn, das nur noch bis 1975 existieren sollte.

148 Der Markt aus einer anderen Perspektive, aufgenommen von der Ecke Rathaus/Schloß. Der Turm der Pfarrkirche St. Georg, dem Schutzpatron Eisenachs geweiht, beherrscht den Platz. In dieser Kirche predigte Martin Luther, Johann Sebastian Bach wurde hier getauft. Die Westseite des Markts wird von alten, teilweise schon restaurierten Bürgerhäusern gesäumt. Der Fahnenschmuck vor Schloß und Rathaus auf beiden Aufnahmen zeigt aber deutlich, daß das Mittelalter lange vorbei ist und wir uns im real existierenden Sozialismus befinden, am 4. Mai 1968: wenige Tage zuvor wurde einer der höchsten Feiertage der werktätigen Bevölkerung gefeiert.

Unbeeindruckt von solchen Erwägungen kreuzen die Triebwagen 21 und 44 während ihrer Pendelfahrten zwischen Krankenhaus und Oststadt.

Die Ausweiche am Platz der DSF (Deutsch-Sowjetische Freundschaft - in der DDR ein beliebter Name, heute wieder Karlsplatz), aufgenommen am 9. Juli 1968. Ein „Erfurter Zug" ist auf der Fahrt vom Krankenhaus zur Oststadt. Während der Triebwagen 43 offensichtlich vor kurzem eine Lackauffrischung erhalten hat, zeigt Beiwagen 33 doch schon deutliche Spuren mangelnder Pflege. Auch in Eisenach hat bereits der schaffnerlose Betrieb Einzug gehalten, zumindest in den Triebwagen: neben dem „OS"-Schild an der Stirnfront weist ein zusätzliches Schild an der Einstiegstür „Schaffnerlos - Zahlbox" auf diesen Umstand hin. Wer sich mit diesem neumodischen System noch nicht anfreunden konnte, muß in den Beiwagen einsteigen, wo der Schaffner nach verspäteten Fahrgästen Ausschau hält.

Die Triebwagen 40-45 waren die modernsten Triebwagen des kleinen Betriebes, wurden 1938 von Gotha gebaut und 1965 aus Erfurt übernommen. Nach der Einstellung gingen 1976 die Wagen 40-42 nach Gotha, um als Arbeitswagen weiterverwendet zu werden; Triebwagen 42 (ex 44) wurde 1980 nach Erfurt zurückgeholt und dort zum Museumswagen 92 hergerichtet. Die Beiwagen-Serie 31-33, 35 (Gotha/1930) kam zwischen 1954 und 1963 ebenfalls aus Erfurt nach Eisenach, 1976 wurden sie ausnahmslos zerlegt.

149

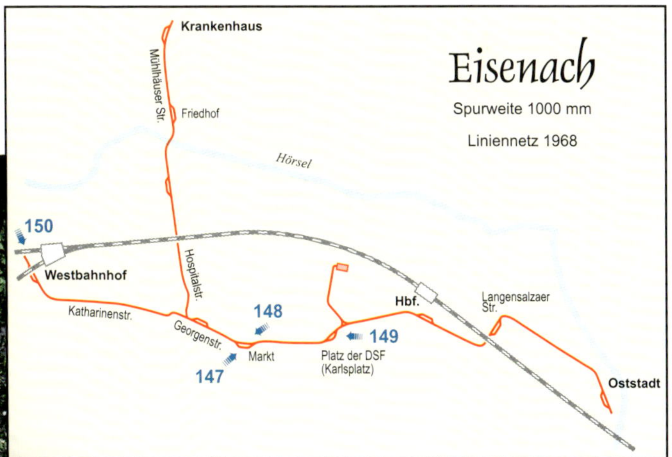

150

Die tiefstehende Sonne wirft am Spätnachmittag des 4. Mai 1968 bereits lange Schatten auf die bescheidene Endhaltestelle am Westbahnhof, wo das Gleis einfach im Pflaster vor dem Bahnhofsgebäude endet. Triebwagen 22 macht eine kurze Pause, ehe er wieder zurück zur Langensalzaer Straße, seinem anderen Endpunkt hinter dem Hauptbahnhof, zurückfährt. Auch die grundsätzlich solo verkehrenden Triebwagen dieser Linie fahren seit 1967 schaffnerlos.

Mühlhausen

Nur gut 30 Kilometer nördlich von Eisenach liegt Mühlhausen mit seiner vollständig erhaltenen, mittelalterlichen Stadtanlage. Die von einer ebenfalls noch großteils vorhandenen Stadtbefestigung umgebene Kleinstadt war einstmals Freie Reichs- und Hansestadt, seit 1975 trägt sie den Zusatz Thomas-Müntzer-Stadt in Erinnerung an den Anführer des Thüringer Aufstands von 1525. Das Ensemble der Altstadt wurde von der DDR unter Denkmalschutz gestellt, leider fiel die schöne, kleine Straßenbahn nicht darunter: sie wurde 1968/69 stillgelegt. Noch gerade rechtzeitig schaffte es der Fotograf, diesem liebenswerten Betrieb am 18. Mai 1966 einen Besuch abzustatten.

Die 1898 eröffnete und 1901 bzw. 1911 erweiterte Straßenbahn von Mühlhausen bot - trotz ihres bescheidenen Streckennetzes von rund 11,5 km Länge - eine Vielzahl herrlicher Bildmotive. Es fiel schwer, daraus auszuwählen, so daß dieser Betrieb bezogen auf seine Größe in diesem Buch möglicherweise etwas überrepräsentiert ist - der Leser und Betrachter wird es sicher verzeihen.

151

Wir beginnen unsere Rundfahrt am Bahnhof. Am Steinweg, Ecke Bahnhofsplatz sind soeben die beiden kleinen Triebwagen 52 (Eigenbau/1926) und 47 (Reihe 46-49, MAN/1923-26) angekommen. Obwohl das Innenstadtnetz eine Ringbahn darstellt, fahren die Bahnen am Bahnhof nicht weiter, sondern wenden hier. Beide Wagen fahren auf Sicht hintereinander - der vordere nach Aue, der hintere nach Pfafferode. Deshalb trägt der erste Wagen ein grünes Dreieck im Fenster als Zeichen, dass noch ein Wagen folgt.

Der Triebwagen 52 wurde oft im Güterverkehr eingesetzt. Vor allem wurden Kohlen vom Bahnhof zum Krankenhaus Pfafferode transportiert.

Ein Blick von der Ausweiche Herrenstraße in den Steinweg zeigt schöne alte Bürgerhäuser und den mittelalterlichen Charakter der Stadt. Es ist erstaunlich, dass eine rund 30.000 Einwohner zählende Stadt schon 1898 eine elektrische Bahn bekam!

Die Triebwagen 46 und 47 bedienen im schaffnerlosen Betrieb („OS") die sogenannte Oberstadtlinie, die den Bahnhof mit Pfafferode verbindet. Außer den kleinen Bahnen gibt es keinen Straßenverkehr, die Welt ist noch übersichtlich: Straßenbahnromantik pur! Die Oberstadtlinie wurde am 8. Juli 1968 eingestellt.

152

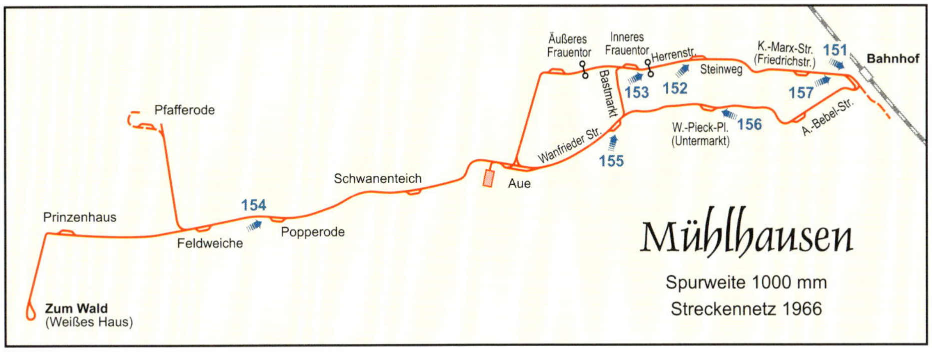

153

Das Frauentor, umgeben von blühenden Kastanienbäumen, ist eine besonders romantische Stelle an der Oberstadtlinie. Triebwagen 46 zwängt sich durch das Seitentor, bei dessen Bau im Jahre 1654 bestimmt noch niemand an eine elektrische Straßenbahn gedacht hat. Er ist auf dem Weg vom Bahnhof nach Aue, dem Sitz des Betriebshofs am Rande des Städtchens.

154

Straßenbahnromantik pur erlebt man auch auf der Außenstrecke im Mitterwald an der Ausweiche Popperode. Triebwagen 43 mit Beiwagen 37 kommt aus der Unterstadt und strebt der Endhaltestelle mit dem wunderbaren Namen „Zum Wald“ (vormals „Weißes Haus“) entgegen.

Die Triebwagen der Reihe 42-45 wurden von 1926 bis 1928 in eigener Werkstatt auf MAN-Fahrgestellen aufgebaut.

Der Beiwagen gehört zur Reihe 35-38 und wurde 1938 in Wiesbaden gekauft. Wagen 37 verstärkte ab 1957 den Wagenpark von Eisenach, die restlichen Wagen verschwanden mit der Stillegung 1969.

155

Beiwagen 14 ist ein echter Veteran: zusammen mit den Wagen 15-17 wurde er bei der Eröffnung der Bahn 1898 als Sommerwagen in Betrieb genommen. Gut erkennbar ist, dass die Seitenfenster zur Hälfte geöffnet werden können. Die Wagen 14 und 17 erhielten 1958 noch geschlossene Plattformen. Die Serie erlebte noch ihren 70. Geburtstag und wurde nach der Stillegung 1969 verschrottet.

Der Zug, geführt von Triebwagen 83, steht an der Haltestelle Bastmarkt in Richtung Bahnhof (Unterstadtlinie). Am linken Bildrand die Nicolaikirche, im Hintergrund sind die Türme der Jakobikirche zu sehen.

156

Am Untermarkt (damals noch Wilhelm-Pieck-Platz) hat Triebwagen 43 seinen Beiwagen 14 zurückgelassen, weil das Umsetzen am Bahnhof schwierig ist. Was der Straßenbahn recht ist, ist dem Fotografen billig - hier hat er keine Probleme, sein Auto mal eben los zu werden... Den Hintergrund bestimmt die mächtige gotische Pfarrkirche Divi Blasii, die von 1260 bis Mitte des 15. Jahrhunderts entstand.

Der Triebwagen ist auf der Unterstadtlinie unterwegs. Er gehört zur Reihe 42-45, die 1926-28 in der eigenen Werkstatt gebaut wurde. Sämtliche lieben kleinen Wagen der Bahn wurden nach der Stillegung der Unterstadtlinie am 27. Juni 1969 verschrottet, an eine Rettung dieser Kleinode dachte damals kein Mensch.

157

Unsere Rundfahrt endet wieder am Bahnhof. In der August-Bebel-Straße begegnet uns Triebwagen 83, der den Bahnhof soeben verlassen hat mit der Zielbestimmung „Zum Wald".

Die „modernsten" Fahrzeuge in Mühlhausen waren die vier Triebwagen 58 und 83-85, 1936-38 von der Gothaer Waggonfabrik gebaut. Sie wurden ein Jahr vor dem Aufnahmedatum aus Erfurt übernommen - auf dem Umweg über Waggonbau Gotha, der sie angeblich der Straßenbahn Mühlhausen schenkte. Auch diese Wagen wurden 1969 nach der Stillegung verschrottet.

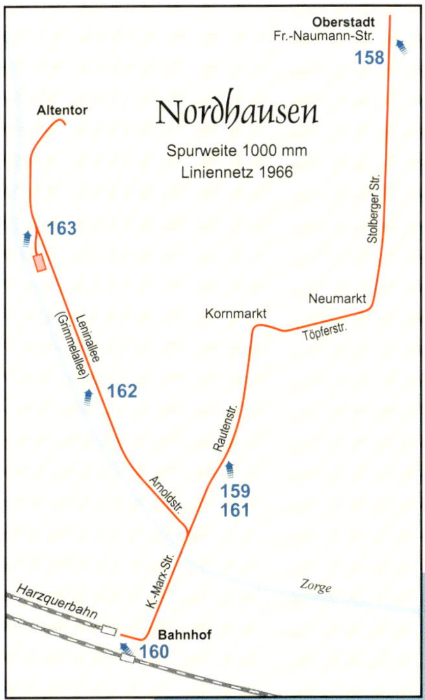

Nordhausen

Ein weiterer thüringischer Kleinstadtbetrieb ist Nordhausen, am Südrand des Harzes gelegen. Im Gegensatz zu Eisenach und Mühlhausen hat die Straßenbahn hier bis heute mit zwei Linien überlebt. Nordhausen war im Zweiten Weltkrieg Ziel schwerer Bombenangriffe und wurde noch kurz vor Kriegsende zu 75 % zerstört. So fehlen hier weitgehend die romantischen Altstadt-Motive.

Seit 1900 verkehrt die Straßenbahn durch Nordhausen, anfangs auf einer Ringlinie vom Bahnhof durch die Altstadt zum Altentor und zurück sowie einer Zweiglinie. Der Abschnitt durch die Altstadt wurde schon 1922 aufgegeben, so daß sich im Prinzip das heutige System mit zwei Linien ab Bahnhof ergab. In den siebziger Jahren war das Schicksal des kleinen Betriebes ungewiß, doch dann entschied man sich für Modernisierung und Ausbau. 1981 und 1983 wurde das Streckennetz zum Krankenhaus bzw. zur Parkallee ausgedehnt, nach der Wende kam noch die Neubaustrecke zum Siedlungsgebiet Nordhausen Ost hinzu.

158

An der einfachen, nur als Stumpfgleis ausgeführten Endhaltestelle Oberstadt wartet Triebwagen 28 auf die Rückfahrt über die kaum 3 km lange „Hauptlinie“ Richtung Bahnhof. Die Oberstadt blieb von den Kriegszerstörungen weitgehend verschont, das Bild vom 18. Mai 1966 strahlt frühlingshaften Frieden aus.

Die Triebwagen 21-28 wurden 1934 von der Waggonfabrik Wismar geliefert und ersetzten die 13 Triebwagen aus dem Eröffnungsjahr 1900. Beiwagen hat es in Nordhausen nie gegeben.

159

Der selbe Triebwagen 28 auf Bergfahrt auf der steilen Rautenstraße. Dieser Abschnitt mit zweigleisigem Bahnkörper wurde 1953 völlig neu gebaut und ersetzte die historische Linienführung durch die am 4. April 1945 vernichtete Stadtmitte. Neubauten und freie Grünflächen prägen jetzt das Bild, immerhin ist die kleine Bahn geblieben.

Seit der Übernahme von Gotha-Triebwagen aus Gera und Halle 1969 wurden die Vorkriegswagen verschrottet, nur der Triebwagen 23 blieb als Museumswagen im historisch nicht korrekten grünen Anstrich erhalten.

160

Am Bahnhof hatte die Bahn jahrelang ein merkwürdiges Stumpfgleis vor einer Mauer, neben den Gebäuden der Harzquerbahn. Triebwagen 42 wartet hier am 28. Mai 1981 auf seinen nächsten Einsatz, ehe er sich von der eigentlichen Haltestelle auf dem Bahnhofsplatz wieder zur Oberstadt aufmacht. Die Oberstadtlinie wurde ein halbes Jahr nach dieser Aufnahme um rund 500 Meter zum Krankenhaus verlängert.

Nordhausen erhielt 1960 seinen ersten Gotha-T57-Triebwagen (Nr. 40), der jahrelang ein Einzelstück blieb. Erst ab 1969 wurden acht weitere T57 aus Halle (Nr. 41) und Gera (Nr. 42-48) als Ersatz für die Vorkriegsfahrzeuge übernommen. Mit Ausnahme des Triebwagens 40 verschwanden sämtliche Gothawagen bis 1991.

161

Der Wagenpark der Kleinstadt wurde ab 1981 „modernisiert“: nicht weniger als 17 G4-Gelenkwagen wurden aus Erfurt übernommen und durch zwei aus Leipzig ergänzt. Allerdings wurden nur 12 Wagen als Nr. 51-62 in Betrieb genommen, der Rest diente als Ersatzteilspender. Nach der Wende wurden die Wagen 1991 durch GT4-Gelenkwagen aus Stuttgart ersetzt. Triebwagen 59 (ex Leipzig 1216) wurde zur Bistrotram umgebaut.

Das Bild von 1984 zeigt Triebwagen 51, wieder im traditionellen gelben Anstrich, in der Rautenstraße zwischen Stadtmitte und Bahnhof. Im Gegensatz zu Bild 159 sind die Freiflächen verschwunden und haben modernen, aber recht ansprechend gestalteten Plattenbauten Platz gemacht.

162

Die nur knapp 1,5 km lange Zweiglinie zum Altentor verläuft eingleisig durch die Arnoldstraße und die Leninallee (heute Grimmelallee). Am 18. Mai 1966 standen hier noch die Oberleitungsmasten aus dem Eröffnungsjahr 1900, als Triebwagen 29 zur Arnoldstraße unterwegs war. Als Unterscheidung zur Oberstadtlinie reicht ein gelbes Feld neben dem Zielschild.

Der Wagen, 1938 in Gotha gebaut, wurde erst ein Jahr zuvor aus Erfurt übernommen. Anscheinend wegen technischer Mängel wurde er ein Jahr später verschrottet und durch einen neuen Triebwagen 29 des gleichen Typs aus Erfurt ersetzt.

163

Ein Stück weiter Richtung Altentor zweigt von der Leninallee die Zufahrt zum Betriebshof ab(rechts im Vordergrund). Hier begegnet uns der LOWA-Triebwagen 30, 1952 in Werdau gebaut. Auch hier fällt die farbige Linienkennung auf. Der Triebwagen wurde 1979 ausgemustert.

Etwas abseits des Stadtzentrums hat der Bombenhagel des Krieges keine Spuren hinterlassen. Schöne alte Häuser, denen allerdings etwas frische Farbe guttun würde, und prächtige Bäume säumen die Straßenbahn.

Leipzig

Leipzig mit seiner berühmten Messe erlangte schon im Mittelalter Bedeutung. An der Kreuzung zweier wichtiger Handelsstraßen gelegen erhielt es bereits im 12. Jahrhundert Stadtrecht und 1497 das Messeprivileg. Durch die Messe entwickelte sich Leipzig zur wirtschaftlichen Hauptstadt Sachsens - neben der Residenzstadt Dresden. 1989 wurde in Leipzig das Ende der DDR eingeläutet. Die Montagsdemonstrationen und der gewaltfreie Widerstand gegen die Staatsmacht mit dem Ruf „Wir sind das Volk!“ brachte Leipzig den Namen „Heldenstadt“ ein.

Leipzig ist mit seinem weitverzweigten Netz eine Straßenbahnstadt par excellence. Der Straßenbahnbetrieb gehörte mit 160 km Netzlänge und fast 1000 Wagen zu den größten Europas, stand in der DDR an zweiter Stelle hinter Berlin und ist auch heute noch zu den ersten 15 Betrieben der Welt zu zählen! Die Entwicklung setzte schon sehr früh ein: 1872/73 wurden die ersten fünf Pferdebahnlinien eröffnet. In dieser Anfangszeit ergab sich auch die abweichende Spurweite von 1458 mm, die auf mangelhafte Schienenbefestigung und Spurerweiterung zurückzuführen war und schließlich zur Norm wurde. Die erste „Elektrische“ fuhr im Jahre 1896 durch die Messestadt.

Die Straßenbahn hatte in Leipzig immer hohen Stellenwert. Stillegungen gab es nur ganz vereinzelt, statt dessen wurde das Netz in den siebziger und achtziger Jahren um Neubaustrecken - vor allem zu neuen Großsiedlungen am Stadtrand - erweitert.

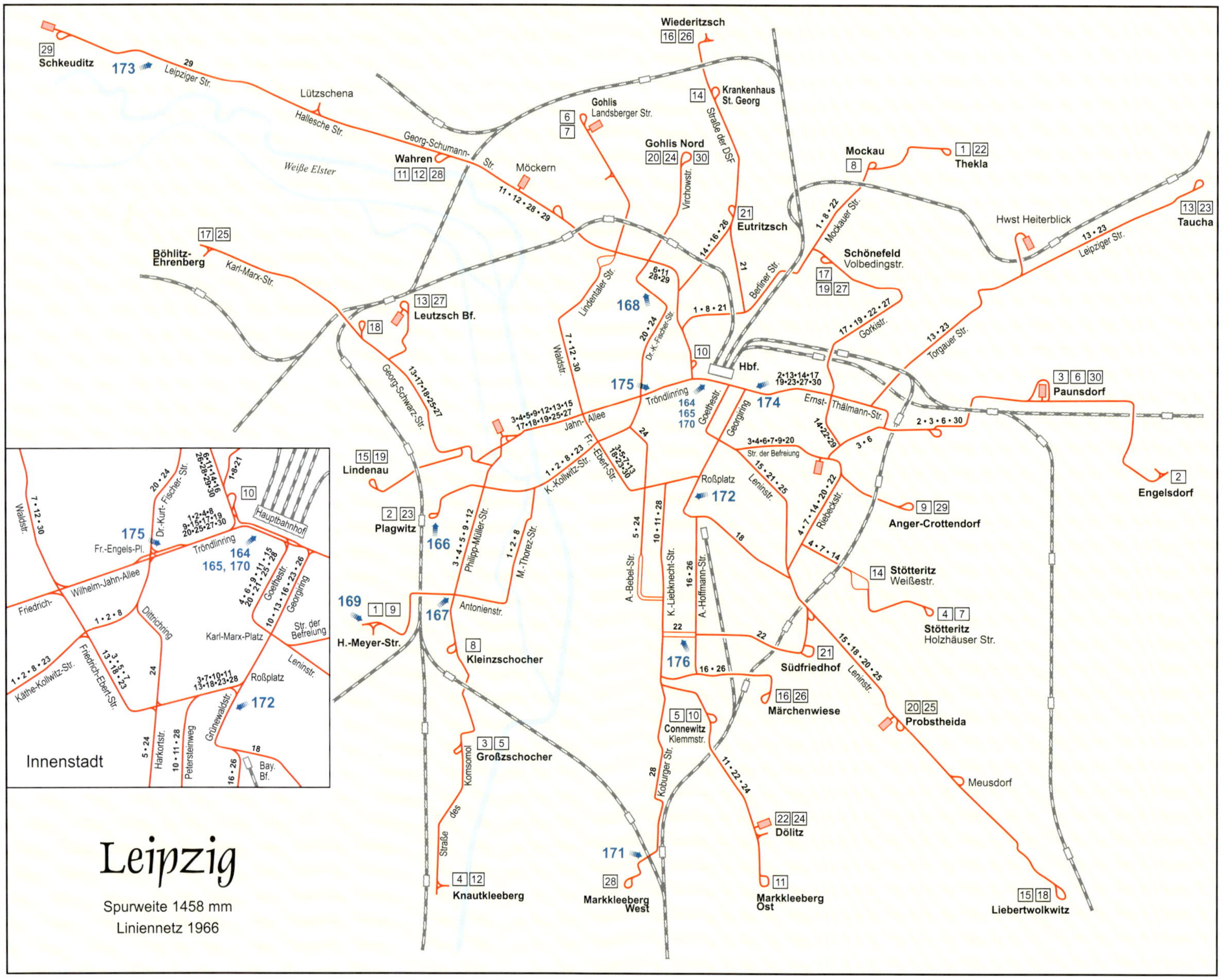

Wir beginnen unsere Bildreise durch das Leipzig der sechziger und siebziger Jahre am Hauptbahnhof, der einen weiteren Rekord hält: er ist mit seinem Empfangsgebäude von 1913 der größte Kopfbahnhof Europas. Auf dem Bahnhofsvorplatz, dem Platz der Republik (heute Willy-Brandt-Platz), liegt ein 1928/29 erbauter Trambahnhof mit vier Gleisen, auf denen am 17. Mai 1966 14 Linien verkehrten.

Zwei „Pullman“-Triebwagen, 1443 auf der Linie 10 Hauptbahnhof - Connewitz und 1479 auf der Linie 20 Probstheida - Gohlis Nord in modernisierter Ausführung stehen abfahrbereit.

Die Triebwagen der Reihe 1401-1600 wurden 1925 von den Waggonfabriken in Bautzen, Werdau und Dessau gebaut, um alte Triebwagen aus den Gründungsjahren der Straßenbahn in großer Zahl zu ersetzen. Ihr Spitzname kam auf, weil sie einen für die damalige Zeit ungewohnten Komfort boten. Sie erhielten schon nach zwei Jahren stärkere Motoren und hatten bis in die dreißiger Jahre Druckluftbremsen. Nur zehn Wagen wurden im Krieg zerstört. Triebwagen 1463 und Beiwagen 608 blieben erhalten und sollen in den Ursprungszustand zurückversetzt werden, in der letzten Umbauvariante existiert außerdem Triebwagen 1464 als fahrfähiger Museumswagen.

164

165

Gleicher Tag, gleiche Stelle - aber eine gut 25 Jahre jüngere Fahrzeuggeneration. Ein typenreiner LOWA-Zug aus dem Jahre 1951: Triebwagen 1605 mit den Beiwagen 807 + 808 auf der HVZ-Linie 11E. Die Linie 11 fuhr von Wahren nach Markkleeberg-Ost und bot zusammen mit den Linien 10 und 28 auf der Nord-Süd-Achse zwischen Connewitz und Wahren über Hauptbahnhof einen Zwei-Minuten-Verkehr an.

Die LOWA-Triebwagen 1601-1609 (später 1301-1309) und -Beiwagen 801-834 der Waggonfabrik Werdau stellten den ersten Einheitstyp nach dem Zweiten Weltkrieg dar und waren von Anfang an Einrichtungswagen. Die Fahrzeuge waren bis 1972 im Einsatz, nach der Ausmusterung wurden Teile für den Bau von Reko-Beiwagen verwendet. Triebwagen 1601, der 1951 sogar auf der Leipziger Messe gezeigt worden war, wurde Museumswagen.

166

Ein typischer Vorkriegszug der Leipziger Verkehrs-Betriebe auf der Linie 23 in der Endschleife Plagwitz Bahnhof am 17. Mai 1966. Die Linie 23 verband Plagwitz mit Taucha bis zum 1. Juni 1969, als das Liniennetz umstrukturiert wurde, um den schnelleren Tatrazügen mehr Einsatzmöglichkeiten zu bieten. Hierbei wurde die Linie 23 entbehrlich. Die Obus-Fahrleitung im Bild wurde von der Obuslinie A genutzt, die bis 1972 betrieben wurde.
Die Straßenbahnverbindung mit Plagwitz (heute Linie 14) ist heute im Bestand gefährdet.

Der Zug besteht aus dem „Pullman"-Triebwagen 1460 und den Beiwagen 286 und 271 aus der 1931-33 modernisierten Serie 201-292.

167

Ein stilreiner „Pullman"-Zug des Baujahres 1925 auf der Kreuzung Adler in Kleinzschocher. Triebwagen 1569 ist mit den Beiwagen 775 und 702 am 17. Mai 1966 auf der Linie 8 von Mockau nach Kleinzschocher unterwegs. Die Vorkriegshäuser überstanden den Zweiten Weltkrieg weitgehend unbeschadet - damit hat sich an der Kreuzung bis 1982 wenig verändert.

Der Triebwagen aus der Serie 1401-1600 hat schon einen verstärkten Wagenkasten als Einrichtungswagen mit schrägem Stirnfenster, der erste Beiwagen ist noch in der Original-Ausführung als Zweirichtungswagen, während der zweite schon mit Stahlprofilen verstärkt wurde, aber ebenfalls noch Zweirichtungswagen geblieben ist.

Die 200 „Pullman"-Beiwagen (Reihe 601-800) wurden von vier Herstellern gebaut. 151 Stück wurden umgebaut und modernisiert und blieben teilweise bis 1978 im Einsatz. Zu Museumsfahrzeugen wurden die Triebwagen 1463 und 1464 sowie Beiwagen 608.

168

Die 100 Jahre alte Kongreßhalle blieb im Krieg unbeschädigt. Auf der Dr.-Kurt-Fischer-Straße passiert am 31. Mai 1981 ein Zug der Linie 20 von Gohlis Nord nach Probstheida das imposante Bauwerk, im Hintergrund der Leipziger Zoo. Der „Pullman"-Triebwagen 1453 ist behängt mit zwei Gotha-Beiwagen. Eine Anzahl dieser Triebwagen wurde in den sechziger Jahren zu Einrichtungswagen umgebaut. Dabei erhielten sie Stahlprofile zur Verstärkung der Wagenkästen und ein schräggesetztes Stirnfenster. In diesem Zustand verkehrten sie teilweise bis 1987 in der Hauptverkehrszeit, vor allem aber auch im Messeverkehr. Damit überlebten sie die typengleichen „Pullman"-Beiwagen von 1925 um zehn Jahre und erreichten das eindrucksvolle Alter von 60 Jahren.

Am 31. Oktober 1987 machte Triebwagen 1464 als letzter Vertreter dieser legendären Bauart seine Abschiedsfahrt auf der Linie 28. Damit überlebte er so manchen LOWA- und Gotha-Wagen und war einer der letzten Vorkriegstriebwagen der DDR im Liniendienst (bei der Kirnitzschtalbahn fuhren Triebwagen des Baujahres 1938 noch bis 1995!). Wagen 1464 blieb denn auch in Leipzig als Museumsfahrzeug erhalten.

169

Am 17. Mai 1966 ist ein Zug der HVZ-Linie 9 an der Endstelle Hermann-Meyer-Straße angekommen. Nach der Wendefahrt durch das Gleisdreieck wird er Richtung Anger-Crottendorf zurückfahren. Das Gleisdreieck Hermann-Meyer-Straße war wegen der hier endenden Linie 1 immer personell besetzt. Die HVZ-Linie 9 verkehrte aber nur, wenn in Kleinzschocher genug Fahrpersonal vorhanden war, daher sind Aufnahmen dieser Linie recht selten. Wegen des neuen S-Bahn-Verkehrs der Reichsbahn wurde der Straßenbahnverkehr eingeschränkt und die Linie 9 am 1. November 1969 eingestellt. Die Strecke wurde 1978 zweigleisig ausgebaut und nach Grünau verlängert; heute wird sie von den Linien 1 und 2 befahren. Der Stadtteil hat den Krieg gut überstanden, an den typischen Leipziger Vorkriegshäusern hat sich seitdem wenig verändert.

Der imposante vierachsige Mitteleinstiegs-Triebwagen 1040 gehörte zur Serie 1001-1056 für die Außenstrecken, die 1929 von vier Fabrikanten geliefert wurde. Dahinter steht der kleinere Mitteleinstiegs-Zweiachser 2095; die Serie 2005-2104 wurde 1928 von Christoph & Unmack in Niesky gebaut, nach den schwereren und im Betrieb unbeliebten Prototypen 2001-2004. Nicht weniger als 11 Triebwagen kamen 1968-70 zur Strausberger Eisenbahn, die übrigen Wagen wurden 1969/70 ausgemustert mit Ausnahme des 1043, der als Museumswagen erhalten blieb. Die Beiwagen schieden kurze Zeit später aus und wurden 1969-74 ausgemustert. Beiwagen 2012 ist als Museumsfahrzeug erhalten, außerdem existieren noch die nicht aufgearbeiteten Prototypen 2001 und 2002. Mit dem Wagenkasten 2001 soll eines fernen Tages auch der Prototyp-Triebwagen 1376 wieder aufgebaut werden.

170

Für die lange Außenstrecke nach Schkeuditz stellte die Leipziger Außenbahn (LAAG) 1910 zwanzig vierachsige Triebwagen mit „Maximum"-Drehgestellen in Dienst. Erbaut wurden sie von den Waggonfabriken Bremen und Falkenried (Hamburg), ab 1920 waren sie als 1378-1397 eingereiht. Zwischen 1937 und 1943 erhielten die Wagen 1378-1388 ein dreiachsiges Lenk-Untergestell und einen modernisierten Wagenkasten.

Einer dieser Dreiachser, der Triebwagen 1388, passiert mit Beiwagen 210 am 17. Mai 1966 den Leipziger Hauptbahnhof. Der Zug verkehrt auf der Linie 30 von Paunsdorf nach Gohlis Nord, die als Verstärkungslinie nur zu den Hauptverkehrszeiten angeboten wurde. Die dreiachsigen Triebwagen blieben bis 1970 in Betrieb und wurden dann verschrottet - mit Ausnahme von fünf Stück, die bis 1979 als Personalwagen zur Hauptwerkstätte Heiterblick verkehrten. Wagen 1378 blieb als Museumswagen erhalten.

Der Beiwagen 210 gehört zu der Reihe 201-292, die 1906-1910 in der Werkstatt der Großen Leipziger Straßenbahn gebaut wurden. Er blieb nur noch kurze Zeit im Einsatz und wurde noch im Jahre dieser Aufnahme ausgemustert. Wenige Jahre später, am 1. August 1973, verschwand auch die HVZ-Linie 30, indem die Stammlinie verstärkt wurde.

Auch heute noch hat die Leipziger Straßenbahn im Vorort Markkleeberg eine schienengleiche Kreuzung mit der eingleisigen S-Bahn-Strecke Plagwitz - Gaschwitz. Auch die Fahrleitungen kreuzen sich hier nahezu rechtwinklig: 600 V Gleichstrom bei der Straßenbahn, 15.000 V Wechselstrom bei der DB.

Am 13. Juni 1984 quert ein typenreiner Gothazug der Linie 28 die Kreuzung, unterwegs von Wahren nach Markkleeberg West. Alle drei Wagen sind vom Typ T/B57. Triebwagen 1323 gehört zur Serie 1316-1325 (ex 1616-1625) und wurde 1960 gebaut, die zwei Beiwagen stammen aus der Serie 887-926 aus den Jahren 1957-61. Bemerkenswert ist der Einholm-Stromabnehmer, der versuchsweise montiert wurde. Die Gotha-Triebwagen standen bis 1989 noch im Regeldienst und wurden dann Arbeitswagen, zwei wurden schon 1968 nach Magdeburg abgegeben. Die Beiwagen wurden in den achtziger Jahren ausrangiert und z.T. nach Rostock, Magdeburg und Dessau verkauft. Als Museumsfahrzeug blieb der Gotha-Triebwagen 1323 erhalten.

Beim Leipziger Personal hatten die Gotha-Wagen den Spitznamen „Rumbalotte“, weil der Fahrer bei schlechter Gleislage doch ordentlich hin- und hergeschaukelt wurde. Die daraus abgeleiteten G4-Gelenkwagen (siehe nächstes Bild) - auch nicht gerade berühmt für ihre Fahreigenschaften - hatten eine verbesserte Fahrgestellkonstruktion und waren deshalb wesentlich beliebter.

171

172

Ein Gotha-G4-Zug aus Triebwagen 1164 („Zwei Zimmer mit Bad“) und dem Zweiachser 903 passiert am 17. Mai 1966 in der Grunewaldstraße eine Plakatwand, auf der sich die DDR-Größen Wilhelm Pieck, Otto Grotewohl und Walter Ulbricht für ihre Leistungen feiern lassen. Der Zug ist als Linie 26 unterwegs von der Märchenwiese (in diesem Fall ein treffender Name...) nach Wiederitzsch, eine Verstärkungslinie zur Linie 16.

Die Straße bildet einen Durchbruch durch die teilweise kriegszerstörte Innenstadt; die Häuser sind eine Mischung aus Vorkriegsbauten und sozialistischer Einheitsarchitektur. Als das Leipziger Straßenbahnnetz 1967 umstrukturiert wurde, war die Linie 26 die erste, die verschwand.

Der Gotha G4-Gelenkzug 1102 (Serie 1101-1220, Baujahre 1961-67) mit Gotha-Beiwagen 918 (Serie 887-926, Baujahre 1957-61) auf der Außenlinie 29 weit außerhalb der Stadt bei Schkeuditz am 17. Mai 1966. Die Linie 29 von Anger-Crottendorf nach Schkeuditz war mit mehr als 17 km Länge bis 1984 die längste Linie der Leipziger Straßenbahn. Die Vorortstrecke nach Schkeuditz wurde 1900-1910 von der Leipziger Außenbahn AG (LAAG) gebaut. 1928 wurden die Liniennummer 29 eingeführt, erst 1951 ging die LAAG in den Leipziger Verkehrs-Betrieben auf. Die für die LAAG typischen Bogenmasten standen bis etwa 1990 und wurden dann durch moderne Masten ersetzt, ansonsten hat sich hier im Laufe der Jahre wenig geändert.

Die G4-Gelenkwagen überlebten die Zweiachser und standen teilweise noch bis 1991 in Betrieb. Sechs Triebwagen gingen 1983/84 nach Potsdam, zwei nach Nordhausen und 15 nach Rostock, wo die gleichen Fahrzeuge im Einsatz waren und durch die Leipziger Wagen sinnvoll ergänzt werden konnten. Triebwagen 1206 blieb in Leipzig als Museumswagen erhalten.

173

174

Ein für Leipzig typischer „Tatra-Vollzug“ am 18. März 1972 auf dem Platz der Republik vor dem Hauptbahnhof. Die Triebwagen T4D 1634 und 1639 sind mit dem B4D 507 auf der Linie 17 von Böhlitz-Ehrenberg nach Schönefeld unterwegs.

Nachdem 1969 die ersten Tatra T4D-Triebwagen in Leipzig auf der Linie 27 in Betrieb kamen, wuchs der Bestand bis 1987 auf nicht weniger als 600 Triebwagen (Reihe 1601-2197, die Nummern 1601, 1740 und 1978 waren doppelt besetzt). Dazu wurden von 1970 bis 1987 273 B4D-Beiwagen geliefert (Reihe 501-773). Der erste „Großzug“ fuhr 1970 auf der Linie 17. Von diesen Tatra-Wagen ist heute noch mehr als die Hälfte im Betrieb. Der größte Teil davon wurde modernisiert und erhielt eine gelb-blaue Lackierung. Von den nicht modernisierten Wagen gingen nicht weniger als 138 Triebwagen und 62 Beiwagen 1997/98 in die nordkoreanische Hauptstadt Pjöngjang. 39 Triebwagen wurden 1995 nach Voronesh, Lipezk und Vladikavkas in Rußland abgegeben, 17 Trieb- und 17 Beiwagen schließlich 2001 nach Craivo in Rumänien.

Auf diesem Foto ist gut zu erkennen, wie dürftig die Richtungsbeschilderung war: sehr kleine Schrift auf dem Richtungsfilm, ergänzend ein Schild mit der Liniennummer auf dem Armaturenbrett. Magdeburg und Leipzig waren die einzigen Betriebe, die einen Anstrich in hell-elfenbein verwendeten. Wegen der Weichenkontakte an der Oberleitung war in Leipzig immer nur der erste Stromabnehmer angelegt.

175

Von der sogenannten Null-Serie von 35 Tatra-KT4D-Wagen, die 1975/76 gebaut wurde, kamen acht Wagen nach Leipzig. Sie wurden in drei verschiedenen Lackierungsvarianten als Triebwagen 1301-1308 in Betrieb genommen, eine vierte Variante wurde einige Jahre später getestet.

Am 31. Mai 1981 hat der Zug 1308 + 1307 als Linie 2 von Paunsdorf nach Plagwitz die viergleisige Haltestelle Friedrich-Engels-Platz (heute Goerdelerring) erreicht. Da die Schiebebühne der Werkstatt zu kurz war, wurden die vier Züge schon 1984 an Berlin verkauft, wo bereits hunderte dieser Kurzgelenkwagen verkehrten. Der abgebildete Wagen 1308 (= Berlin 219 320) kehrte 1998 nach Leipzig zurück, um hier als Museumswagen zu fahren.

176

Zum Abschluß des Leipziger Bilderreigens ein Eindruck, wie es in der Messestadt Jahrzehnte vor den Tatra-Wagen ausgesehen haben könnte.

Der Fahrschulwagen 5101 entstammt einer umfangreichen Serie von 145 Triebwagen, die zwischen 1910 und 1913 von drei verschiedenen Herstellern gebaut wurde: in der betriebseigenen Werkstatt der Großen Leipziger Straßenbahn (GLSt), bei Falkenried in Hamburg und Nordwaggon in Bremen. Anfangs waren sie mit 518-600 und 801-862 numeriert, 1920 wurden sie zur Reihe 1180-1324 umgezeichnet. Zahlreiche Wagen überlebten den Krieg und standen noch lange im Liniendienst oder wurden als Arbeitswagen eingesetzt. Die letzten wurden zwischen 1959 und 1967 ausgemustert.

Der abgebildete Fahrschulwagen entstand 1948 aus dem Triebwagen 1253. Im August 1966 wurde er an der Richard-Lehmann-Straße abgelichtet. Als Museumsfahrzeug dieser Serie blieb der Triebwagen 1267 erhalten, lackiert und beschriftet als Wagen 809 der Großen Leipziger Straßenbahn.

Halle (Saale)

177 Im größtenteils zerstörten, aber wieder im Aufbau begriffenen Stadtzentrum der Saale-Stadt begegnet uns am 18. Mai 1966 ein Lindnerzug. Triebwagen 128 ist mit den Beiwagen 206 und 80 als „OS"-Zug auf der Linie 6 Reileck - Böllbergerweg über den Thälmannplatz am Hauptbahnhof (heute wieder Riebeckplatz) unterwegs.

Der Triebwagen gehört zur Reihe 121-150, geliefert 1925 von Lindner in Ammendorf und Gebr. Schöndorff in Düsseldorf. Der kleine Beiwagen 206 entstammt der Reihe 201-240 (Wismar). Beiwagen 80 gehört zur Serie 80-99, die zwischen 1950 und1959 durch Umbau aus den Triebwagen 72-102 (Lindner/Herbrand/1912-14) entstand. Auf dem Bild ist gut zu erkennen, daß es sich um einen früheren Triebwagen handelt. Er ist einer der wenigen noch im Betrieb gebliebenen Wagen dieses Typs, die 1965-68 ausgemustert wurden. Die Triebwagen 121-150 wurden ab 1968 zum Teil ebenfalls als Beiwagen eingesetzt, andere wurden zu Arbeitswagen. 1972 schieden sie aus dem Liniendienst aus, elf Stück gingen zwischen 1971 und 1978 nach Naumburg.

Halle gelangte schon im Mittelalter durch die Erschließung der Salzquellen und den Salzhandel zu Reichtum und wurde zu einem wichtigen Handelsplatz. Mit der Ausbeutung der nahegelegenen Braunkohlevorkommen wurde Halle auch zur Industriestadt - im Süden entwickelten sich die großen Chemiestandorte Buna und Leuna.

Das Straßenbahnnetz entstand aus der 1882 eröffneten Pferdebahn, die ab 1890 elektrifiziert wurde. Jahrzehntelang bestanden zwei konkurrierende Gesellschaften nebeneinander, bis diese 1917 unter städtischer Ägide vereinheitlicht wurden. Die erste Linie der späteren „Merseburger Überlandbahnen" entstand bereits 1902 mit der Strecke Halle - Merseburg, 1918 kam die Zweiglinie nach Mücheln im Geiseltal hinzu, bis 1926 war Bad Dürrenberg erreicht. Zu DDR-Zeiten mußte die Strecke ins Geiseltal dem fortschreitenden Braunkohleabbau weichen.

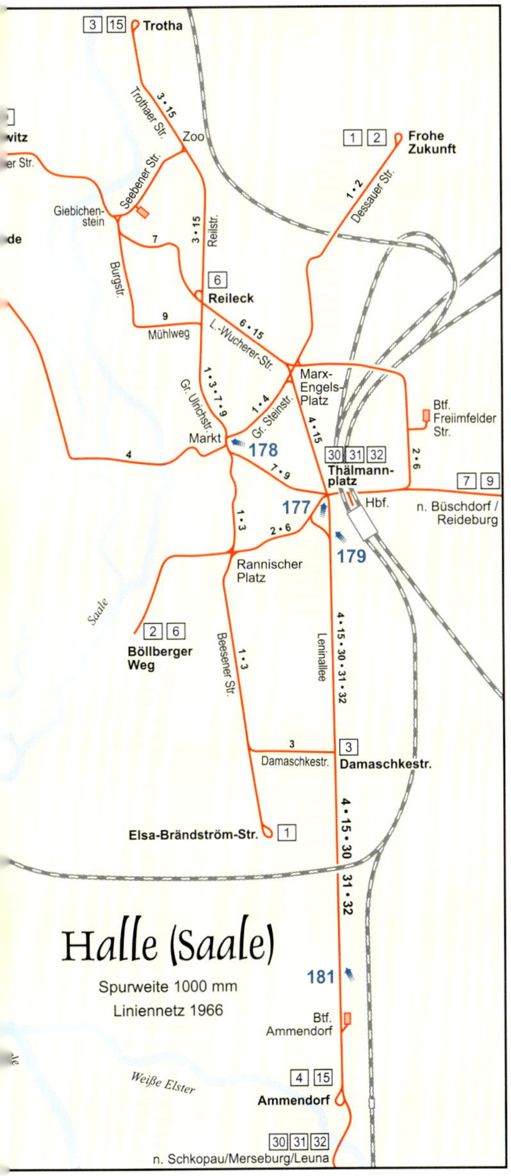

178

Eine Straßenbahnszene am Marktplatz, wo einige Häuser den Krieg weitgehend unbeschadet überstanden haben. Am 18. Mai 1966 ist der noch fabrikneue Gotha T/B62-Zug aus Triebwagen 553 und den Beiwagen 376 und 377 auf der Linie 1 unterwegs, die von der Elsa-Brändström-Straße in der Südstadt zur Siedlung „Frohe Zukunft" führt. An der Fahrleitung ist noch das Signal für einen Signalkontakt zu erkennen. Der Zug fährt gleich in den bis 1968 bestehenden, kurzen eingleisigen Abschnitt in der Großen Steinstraße ein. Heute befindet sich in Höhe der Zugspitze die Weiche für die Vorsortierungsanlage zum Abzweig in die Große Ulrichstraße.

Im Zeitalter der Gothawagen bekam Halle eine große Zahl dieser Wagen in verschiedenen Ausführungen, vor allem für den umfangreichen Arbeiterverkehr zu den Buna- und Leunawerken. Der abgebildete Zug ist noch kein Jahr alt. Der Triebwagen gehört zu einer Serie Einrichtungswagen - das Lenkrad beim Fahrer ist gut zu sehen - Nr. 526-568, die Beiwagen stammen aus der Reihe 347-408 von 1962-66. Von den noch neuen Triebwagen wurden die 529-538 schon 1967/68 an Plauen, Frankfurt und Jena abgegeben, die restlichen 1969 in 729-765 umnumeriert. Nach Ankunft der vierachsigen Tatrazüge gingen zwischen 1978 und 1986 fast sämtliche Gothawagen an andere Betriebe, so nach Brandenburg, Cottbus, Frankfurt/Oder, Görlitz, Halberstadt, Jena und Schöneiche, die restlichen Wagen wurden 1984-89 ausgemustert.

Den „echten" Gothawagen folgten 1968 noch eine Reihe bauartgleicher Fahrzeuge von den CKD-Tatrawerken (Typ T/B2D). Nach dem Prototyp Nr. 569 von 1966 wurden 86 Stück als Reihe 766-841 in Dienst gestellt, dazu kamen 96 Beiwagen 409-505. Schließlich lieferte Gotha 1967-69 nochmals 15 Beiwagen 506-520. Auch von diesen Serien wurden zwischen 1969 und 1982 viele Wagen auf fast sämtliche meterspurigen Straßenbahnbetriebe der DDR verteilt. Der Rest blieb für Verstärkerzüge im Werksverkehr zu den Chemie-Kombinaten auch im Zeitalter der Tatrawagen noch bis 1991 im Betrieb, wobei die Mehrzahl ab 1982 nach und nach wegen ihres schlechten Zustands ausgemustert werden mußte. Triebwagen 772 wurde zusammen mit den Beiwagen 506 und 385 zum Museumzug. Aus Cottbus kam 1980 noch der Gotha-Zweirichtungs-Triebwagen 58, der in Halle zum 723 und später zum Arbeits-Triebwagen 030 wurde; er blieb als Museumswagen 523 erhalten.

179

Eine der wenigen reinen Überland-Straßenbahnbetriebe in Deutschland war die Linie Halle - Merseburg aus dem Jahre 1902, die ab 1913 von den Merseburger Überlandbahnen AG (kurz MÜBAG) um zwei Strecken nach Mücheln und Bad Dürrenberg ergänzt wurde. Im Jahre 1919 übernahm die MÜBAG die Aktien der Elektrischen Straßenbahn Halle - Merseburg, die endgültige Vereinigung erfolgte im Jahre 1932. Die MÜBAG wurde 1951 mit der Straßenbahn Halle zusammengeschlossen, aber bis 1967 führte der Betrieb noch ein gewisses Eigenleben mit der Liniengruppe 31-34. Bekannt wurde die MÜBAG, als sie 1940/41 acht Vierachser-Züge von Lindner in Ammendorf in Betrieb nahm, die als erste Vertreter eines Einheitswagens anzusehen waren: Triebwagen 28-35 und Beiwagen 191-198. Die formschönen Wagen wurden 1951 in den Wagenpark der Straßenbahn Halle als Triebwagen 651-658 und Beiwagen 751-758 übernommen; sie verkehrten auf den Überlandlinien 31 und 32.

Ein Dreiwagenzug dieses Typs (Tw 652 + Bw 755 + 754) hält am 18. Mai 1966 an der Haltestelle Reileck auf seiner 25 km langen Fahrt von Halle-Trotha nach Leuna. Im Juni 1968 wurden die Überlandlinien 31 und 32 zur Linie 5 zusammengefaßt. Ab 1971 verdrängten Tatrawagen die Vorkriegs-Vierachser auf der Linie 5, die zwischen 1969 und 1972 nach und nach aus dem Linienverkehr ausschieden. Leider blieb von den schönen, historisch wertvollen Fahrzeugen nur der Beiwagen 193 (ex 753) erhalten.

AP EVERAARTS

Auch im Überlandbahnbereich wurde auf den OS-Betrieb im Stadtgebiet von Halle hingewiesen. Die vom Schaffner in der Überlandbahn verkauften Fahrscheine galten dann auch im Stadtgebiet. Das Hochhalten der Zeitkarten zur gegenseitigen Kontrolle der Fahrgäste wurde in Halle bis zur Wende sehr gewissenhaft gehandhabt.

180

Vor dem Hintergrund der luftverpestenden Wolken der Leunawerke steht ein Schülerzug nach Merseburg Süd am Leunaweg, vermutlich ein bestellter Sonderzug. Im Hintergrund eilt gerade der Fahrer aus Richtung Pausenraum herbei.

Bei dem führenden Lindner-Triebwagen handelt es sich um den Stadttriebwagen 170 (Reihe 161-200, später 641-693), der die Beiwagen 91 und 731 zieht. Beiwagen 91 ist ein früherer Triebwagen der Reihe 81-99 (Lindner), während der vierachsige Beiwagen 731 ein ehemaliger Überland-Triebwagen von 1901 ist, der seit 1912 als Beiwagen eingesetzt wird. Der hintere Triebwagen 613 wird den Zug nun Richtung Merseburg Süd führen - im letzten Sonnenlicht des 17. Mai 1966. Dieser Überlandwagen blieb als MÜBAG 78 erhalten.

181

Die Merseburger Straße verbindet Halle mit der südlich gelegenen Kleinstadt Merseburg und der dortigen Chemieindustrie (Buna-Werke, Leuna-Werke). Ihr folgt die Überlandstraßenbahn Halle-Merseburg, die entsprechend starken Arbeiterverkehr aufzuweisen hatte. Sie war mit den Liniennummern 31-34 in das Hallenser Linienschema eingebunden. Die Linie 32 z.B. verband Halle-Trotha mit Leuna. Am 18. Mai 1966 rollte in Höhe des heutigen Betriebshofs Rosengarten ein typenreiner LOWA-T/B50-Dreiwagenzug Richtung Leuna: Triebwagen 505 (Reihe 501-514, später 701-712, 721, 722) mit den Beiwagen 308 und 310 (Reihe 301-332).

Das „OS“-Schild für den 1964 eingeführten schaffnerlosen Betrieb galt nur im Stadtgebiet von Halle. An der Haltestelle Betriebshof Ammendorf stiegen grundsätzlich Schaffner in Richtung „Überland“ zu, weil hier der Fahrscheinverkauf im Teilstreckentarif beibehalten wurde. Erst 1991 mit der Einführung der elektronischen Entwerter wurde der Schaffnerbetrieb aufgegeben.

Die 1950-1956 gebauten LOWA-Wagen fuhren in Halle bis 1988, nachdem die ersten bereits ab 1972 ausgemustert wurden. Sieben Beiwagen kamen 1977 nach Cottbus, fünf nach Brandenburg. Triebwagen 505 (705) mit Beiwagen 326 (ex 328) wurde Museumszug.

182

Fast keine Großstadt in der DDR hatte so unter der Luftverschmutzung durch die Chemieindustrie zu leiden wie Halle. Obwohl Tatrawagen bereits in großer Zahl im Einsatz waren, blieben die 1966-68 gelieferten Gothawagen noch bis in die achtziger Jahre in der Hauptverkehrszeit unverzichtbar. Die Wagen, die nachts unter freiem Himmel in den Betriebshöfen abgestellt wurden, waren nach 15 Jahren Vernachlässigung und Umwelteinflüssen derart verrostet, daß sie weder verkauft noch weiter betriebsfähig gehalten werden konnten. Viele wurden daher schon ab 1982 verschrottet, weil sich eine weitere Instandsetzung nicht mehr lohnte.

Der T/B62-Zug mit Triebwagen 776 an der Spitze sah entsprechend heruntergekommen aus, als er am 13. Juni 1990 am Thälmannplatz in Leuna aufgenommen wurde. Eine „frohe Zukunft“ hat der Wagen nicht mehr - 1991 wurde er nach 25 Jahren Betrieb ausgemustert. Das Wartburg-Lenkrad hinter dem Fenster ist gut erkennbar.

AP EVERAARTS

183

Auf der Zweigstrecke nach Merseburg Süd kommt uns am gleichen Abend der Solotriebwagen 641 auf dem Bahndamm am Betriebshof Merseburg entgegen. Die ehemals bis Mücheln führende Überlandbahn mußte 1958-1968 nach und nach dem fortschreitenden Braunkohle-Tagebau weichen. 1966 reichte sie noch bis Frankleben und wurde als Linie 33 betrieben. Auf dem Dach des Triebwagens ist die große Glocke zu sehen, die auf den Überlandstrecken vorgeschrieben war und vom Fahrer mit einer Leine bedient wurde.

Der Triebwagen gehörte früher der MÜBAG und trug die Nummer 13. Um Verwechslungen mit den Stadtbahn-Triebwagen (Serie 641-693) zu vermeiden, erhielt er 1967 die Nummer 641 A und wurde bereits 1968 ausgemustert.

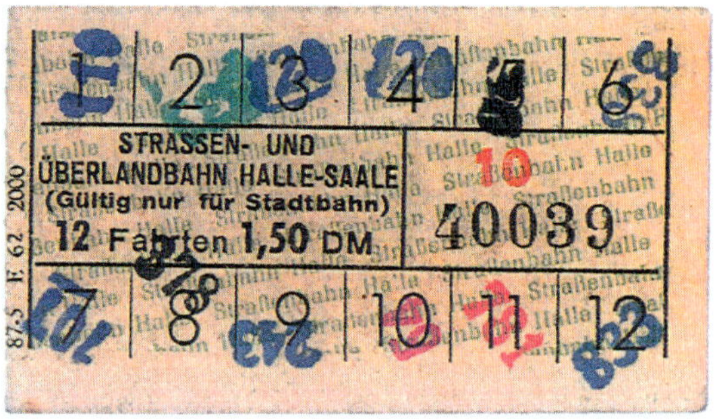

184

Nachdem Dresden den Tatra-T4D-Prototyp 1967 versuchsweise in Betrieb nahm und auch Leipzig und Magdeburg 1969 die ersten Seriewagen in Dienst stellten, wurden am 27. August 1969 in Halle die T4D 901-902 als erste meterspurige Tatrawagen der DDR in Betrieb genommen. Die Drehgestelle hatten außenliegende Rahmen. Am 1. Oktober des gleichen Jahres wurde aus den beiden Triebwagen zusammen mit dem ersten B4D-Beiwagen 101 (dem ehemaligen Triebwagen-Prototyp aus Belgrad) ein „Großzug“ gebildet. Zwischen 1971 und 1986 lieferte CKD noch 221 Triebwagen (903-1223) und 123 Beiwagen (102-224) nach Halle, von denen nach der Wende bis 1994 insgesamt 82 Triebwagen und 41 Beiwagen modernisiert und umgebaut wurden. Von den nicht mehr modernisierten Tatra-Wagen wurden die ersten schon ab 1990 verschrottet, andere gingen nach Arad und Isai in Rumänien, Sofia in Bulgarien sowie Kaliningrad (Königsberg) und Pyatigorsk in Russland.

Am 18. März 1972 fährt der „Großzug“ aus Triebwagen 902 + 912 + Beiwagen 196 durch die Leninstraße in Leuna. Schön zu sehen ist die aluminiumverkleidete Rammbohle am Triebwagen 902. Diese Zierde hatten nur die drei obengenannten Erstlieferungen 901, 902 und 101. Die am 12. Juli 1971 bis Bad Dürrenberg verlängerte Linie 5 ist mit 31 km heute die längste Straßenbahnlinie in der früheren DDR.

185

Nochmals der Tatra-T4D Nr. 902, jetzt als Zweirichtungs-Pendelwagen mit zwei Stromabnehmern. Die Aufnahme entstand am 11. Juni 1984 in Merseburg Gemeinschaftsbahnhof, wie der bescheidene Straßenbahnhof genannt wurde.

Der Triebwagen 902 wurde 1984 zum echten Zweirichtungsfahrzeug für die Seitenlinie nach Merseburg Süd umgebaut. Um die Weichen korrekt ansteuern zu können, erhielt er auch am B-Ende einen Stromabnehmer. Im Havariefall konnte über einen besonderen Schalter von einem zum anderen Bügel umgeschaltet werden. Heute ist der zweite Stromabnehmer wieder abgebaut.

Links daneben ist der Triebwagen 924 als führender Wagen auf der Linie 5 nach Bad Dürrenberg unterwegs. Dieses Fahrzeug wurde 1994 zum Museumswagen 901 umgebaut und bildet seither mit dem Beiwagen 101 einen historischen Zug. Der ursprüngliche 901 wurde bereits 1983 zum ersten Zweirichtungs-Tatrawagen umgebaut und ist heute unter der Nummer 900 im Einsatz.

Auffallend sind die überdimensionierten Isolatoren, auf denen die Pantographen sitzen. Damit sollte der Gefahr von Spannungsüberschlägen infolge der großen Luftverschmutzung begegnet werden.

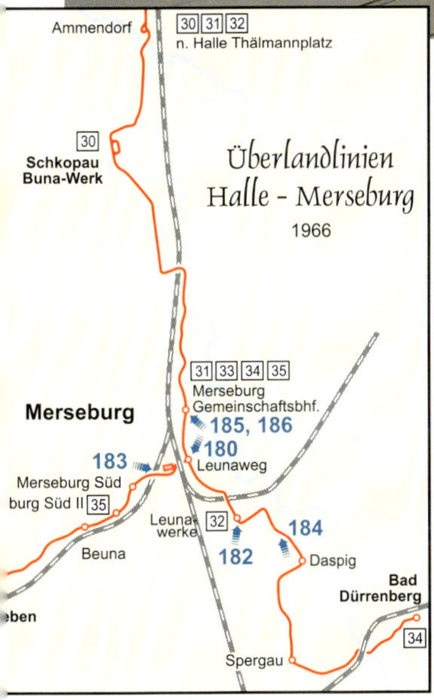

Jan Jaap Carels

Auch die Straßenbahn Halle richtete 1982 Güterverkehr auf ihren Gleisen ein. Transportiert wurden „Waren des täglichen Bedarfs“ für den gleichnamigen VEB zwischen dem Auslieferungslager in Halle und dem Lager in Leuna, Ende 1982 wurde außerdem der Biertransport von der Brauerei in Halle nach Merseburg aufgenommen. Drei vorhandene Einrichtungs-Beiwagen vom Gotha-Typ wurden nach Leipziger Vorbild für die seitliche Beladung mit Euro-Paletten mittels Gabelstapler umgebaut. Dabei wurden die Fenster entfernt, die Fensterholme verstärkt und im unteren Bereich der Seitenwände abklappbare Bordwände eingebaut. Auf der anderen Längsseite wurden die Fensteröffnungen mit Blechen verschlossen. Auf diese Weise entstanden die Güterbeiwagen 0061-0062 (ex 413, 419, CKD/1967) und 0063 (ex 379, Gotha/1966). In gleicher Art wurden zwei Gütertriebwagen 061 und 062 (ex 760, Gotha/1966, und 773, CKD/1967) hergerichtet.

186

Am 25. April 1983 begegnet uns ein solcher Lebensmittel-Güterzug in Merseburg Gemeinschaftsbahnhof. Ausnahmsweise ist keiner der beiden Gütertriebwagen im Einsatz. Statt dessen hat der normale Gotha-Triebwagen 772 die Güterbeiwagen 0061 und 0062 im Schlepp.

Der Güterverkehr auf der Strecke Halle-Merseburg-Leuna entwickelte sich recht positiv. Regelmäßig verkehrten täglich drei Güterzugpaare und erbrachten respektable Leistungen. Dank der großen Transportentfernung von rund 25 km stand Halle im Straßenbahn-Güterverkehr nach Tonnen-Kilometern immerhin an zweiter Stelle hinter Berlin, bei der Gütermenge nach Tonnen an dritter Stelle nach Berlin und Dresden.

Dessau

Die rund 100.000 Einwohner zählende Stadt liegt an der Mündung der Mulde in die Elbe und war einst Hauptstadt des Freistaates Anhalt. Die Fürsten von Anhalt sorgten dafür, dass Dessau zu einem bedeutenden Kulturzentrum wurde. Auch den berühmten Wörlitzer Landschaftspark nur wenige Kilometer östlich der Stadt ließ der anhaltische Hof anlegen. Besondere Bekanntheit aber erlangte Dessau durch das Bauhaus, das 1925-1932 als Hochschule für Gestaltung internationalen Ruf erwarb. Die Stadt wurde im Krieg stark zerstört und mußte mühsam und langwierig neu aufgebaut werden.

Die Straßenbahn, die 1894 mit Gasmotorbetrieb eröffnet wurde und seit 1901 elektrisch fährt, dehnte sich bald nordwärts über die Stadtgrenzen bis ins benachbarte Roßlau aus. Diese lange Nord-Süd-Linie wurde im März 1945 teilweise ein Opfer des Krieges. Bei seinem Besuch am 17. Mai 1966 traf der Fotograf noch zwei Linien an, die später auf eine einzige reduziert wurden. Lange war der Betrieb stillegungsgefährdet, erst außerhalb des Zeitraums dieses Buches, nämlich 1987, kam es zu einer ersten Neubaustrecke in ein Wohngebiet. Heute sind Fortbestand und Ausbau der Dessauer Straßenbahn gesichert.

187

Das Bild macht deutlich, wie schwer die Innenstadt von Dessau am 7. März 1945 zerstört wurde. Die Wunden sind auch am 17. Mai 1966 noch lange nicht verheilt. In der Stadtmitte, an der Kreuzung von August-Bebel-Straße (Askanische Str.) und Wilhelm-Pieck-Straße (Franzstr.), ist noch kein geschlossenes Stadtbild entstanden. Das Museum für Naturkunde mit seinem markanten, 1847 nach einem Vorbild in Rom entstandenen Turm und die barocke Georgenkirche von 1717 am rechten Bildrand erinnern an das alte Dessau.

LOWA-Triebwagen 39 bedient die Linie 2 von der Gärungschemie zum Rosenhof, die Reststrecke der einstigen Linie nach Roßlau. Der Linienfilm zeigt zwar die Ziffer „1", an der Stirnseite hängt jedoch ein Schild mit der richtigen Liniennummer, kombiniert mit dem allgemein üblichen „OS". Weil die beiden noch verkehrenden Linien sich gegenseitig nur kreuzen, macht diese Art der Beschilderung den Fahrgästen wenig Probleme.

Der Triebwagen gehört zu einem Bestand von vier LOWA-Wagen (35, 39-41), die 1972-74 beim RAW Schöneweide gegen Reko-Wagen mit den gleichen Nummern „umgetauscht" wurden.

Die Linie 2 wurde 1974 eingestellt. Im Jahre 2000 kam die Straßenbahn aber hierher zurück - nun zweigleisig als Linie 3 nach Dessau West.

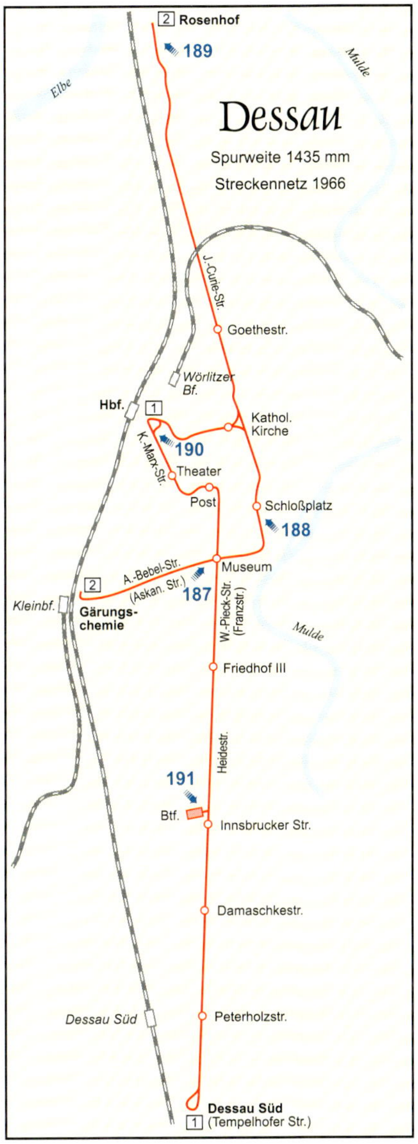

188

Mit der gleichen merkwürdigen Linienbeschilderung hält der Gotha-Triebwagen 42 am Schloßplatz in Richtung Rosenhof. Rechts steht die Ruine der im 16. Jahrhundert erbauten Schloß- oder Marienkirche, dahinter ist der 75 m hohe Rathausturm von 1901 erkennbar.

Dessau hatte drei Gotha-T 57-Triebwagen von 1959/60 (Nr. 42-44). Im Jahre 1978 gingen die Wagen 42 und 44 nach Woltersdorf, Nr. 43 blieb bis 1992 in Dessau im Einsatz.

189

Nördlicher Endpunkt des Dessauer Netzes war seit 1945 die Haltestelle Rosenhof der Linie 2. Der Aufbau-Triebwagen 31 wartet auf die Abfahrt zur Gärungschemie. Im Gegensatz zu den vorigen Bildern zeigt der Zielfilm die richtige Linienummer und das richtige Ziel. Die stark verkürzte Streckenführung der ehemaligen Roßlauer Linie hatte wenig Verkehr und wurde am 2. Mai 1974 eingestellt, womit von dem kleinen Betrieb nur noch die 5 km lange, gut freqentierte Linie 1 übrig war.

Die Waggonfabrik Werdau baute 1948 einige Wagen auf alten Fahrgestellen kriegszerstörter Wagen für Karl-Marx-Stadt, Magdeburg und Dessau neu auf. Dessau erhielt fünf Aufbau-Triebwagen als Reihe 30-34. Sie wurden 1970-73 verschrottet, mit Ausnahme des Wagens 30, der als Museumswagen weiter existiert.

190

Den relativ unbeschädigt gebliebenen Hauptbahnhof bediente 1966 nur die Linie 1. Ein kurz zuvor neu gelieferter Gotha-Einrichtungszug (Triebwagen 24 mit den Beiwagen 107 und 117) wartet am Ende der Gleisschleife auf Fahrgäste Richtung Dessau Süd, Tempelhofer Straße.

Die Fahrzeuge gehören alle zum Typ T/B62 und wurden zwischen 1964 und 1967 geliefert. Dessau hatte acht derartige Triebwagen (21-25, 36-38) sowie 14 Beiwagen (103...123). Auch in Dessau wurde dauernd umnumeriert - es würde den Rahmen sprengen, darauf genauer einzugehen.

Die meisten Gothawagen fuhren noch bis 1994, als sie durch Duisburger Gelenkwagen ersetzt wurden. Triebwagen 21 und Beiwagen 109 blieben als Museumszug erhalten.

191

Während des Zweiten Weltkriegs wurde der Dessauer Wagenpark mit Gebrauchtwagen verstärkt, weil die Stadt als Zentrum der Rüstungsindustrie galt (u.a. Junkers Flugzeug- und Motorenwerke) und die Abwicklung des Arbeiterverkehrs entsprechend kriegswichtig war. In Den Haag in den Niederlanden wurden 20 Triebwagen der dortigen HTM-Reihe 102-150 (Werkspoor Amsterdam/ 1905-07) nach dem „Reichsleistungsgesetz" requiriert, zehn davon wurden nur als Beiwagen eingesetzt. Die Luftangriffe zerstörten mehr als die Hälfte der Haager Wagen; die verbliebenen drei Triebwagen wurden 1955 zu den Beiwagen 123-125 hergerichtet, die sechs restlichen Beiwagen erhielten die Nummern 107-112. Alle wurden 1965 außer Betrieb gesetzt und 1967 verschrottet. Am 17. Mai 1966 standen die Wagen 109, 125 und 112 noch in relativ gutem Zustand auf dem Gelände des Betriebshofs Heidestr. und weckten Erinnerungen bei dem Fotografen dieses Bildbandes.

Halberstadt

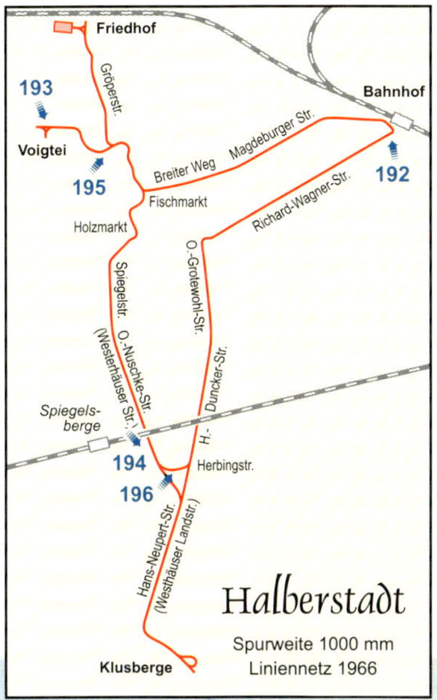

Die mittelalterliche Bischofsstadt Halberstadt im nördlichen Harzvorland wurde gegen Ende des Zweiten Weltkrieges weitgehend zerstört. Beim Wiederaufbau wurden verschiedene historische Bauten, darunter auch die Fachwerkbauten an der Vogtei, wieder rekonstruiert. Große Teile der Altstadt fielen dennoch dem allmählichen Verfall anheim.

Schon 1887 fuhren die ersten Straßenbahnwagen durch die engen Straßen des Städtchens, zunächst noch im Pferdebetrieb, ab 1903 elektrisch. Das heutige Streckennetz kristallisierte sich erst ab 1938 heraus: im Prinzip eine Rundbahn mit drei Außenästen. Zwischen 1975 und 1980 wurde die Streckenführung in der Innenstadt durch Umtrassierungen, Neubauten und Stillegung der Strecke Bahnhof - Fischmarkt stark verändert.

Nach der Wende gingen die Fahrgastzahlen rasch in den Keller. Zwar wurden die Gleisanlagen erneuert und gebrauchte Gelenkwagen aus Stuttgart beschafft, aber die kaum effizient zu betreibende Form des Netzes wirft seit einiger Zeit wieder die Frage nach der Fortexistenz auf. In den neuen Bundesländern gibt es keinen Straßenbahnbetrieb, der stärker gefährdet ist als Halberstadt.

Beim ersten Besuch des Fotografen am 14. Mai 1966 war aber auch hier die Straßenbahnwelt noch weitgehend in Ordnung, ebenso am 6. September 1978, als die Aufnahme an der Vogtei entstand.

192

Vor dem unansehnlichen Hauptbahnhof hält Triebwagen 31, behängt mit Beiwagen 51. Der Zug ist auf der Ringlinie unterwegs Richtung Spiegelsberge, es wird ohne Schaffner im „OS"-Betrieb gefahren. Bahn, Bahnhof und Straße vermitteln den Eindruck, dass sich hier seit 30 Jahren nichts geändert hat - die Straßenbahn ist Alleinherrscherin auf der Straße.

Die Triebwagen 24-34 wurden zwischen 1831 und 1941 von Lindner in Ammendorf geliefert. Der Beiwagen gehört zur Serie 51-55, die 1941 gebraucht aus Karlsruhe übernommen wurde; Erbauer war die Heidelberger Waggonfabrik Fuchs im Jahre 1913. Die Vorkriegswagen wurden 1973-77 ausgemustert, nur der abgebildete Triebwagen 31 blieb als Museumsfahrzeug erhalten.

193

Fast die ganze Stadt wurde am 8. April 1945 bei einem Bombenangriff zerstört, nur wenige Straßenzüge blieben erhalten. Weitgehend restauriert wurden die Fachwerkhäuser an der Vogtei, wo die Straßenbahn ein Wendedreieck hat. Ein Reko-Zug aus Triebwagen 34 und Beiwagen 55 macht sich soeben auf den Weg Richtung Bahnhof und Friedhof. Eine Liniennummer gibt es nicht - diese wurde erst ab 1991 wieder eingeführt, obwohl die Linienführung dieses Kleinbetriebs mit 9 km Streckenlänge äußerst unübersichtlich war. Das fotogene Wendedreieck ist Geschichte, seit die Linie am 4. August 1993 um 700 Meter zum Sargstedter Weg verlängert wurde.

Halberstadt beschaffte verhältnismäßig viele „Reko"-Wagen: Triebwagen 34 stammt aus der acht Wagen umfassenden Serie 25, 26, 28, 29, 32-35. Dazu passend gab es sechs Beiwagen 51-53, 56-57. Alle wurden 1970-74 im RAW Schöneweide gebaut. Mit Ausnahme der Triebwagen 28 und 29 wurden sämtliche Wagen vor 1993 ausgemustert.

194

Mit den romantischen Ecken der Innenstadt kann der Stadtteil Spiegelsberge nicht mithalten. Solo-Triebwagen 24 dreht eine Runde von der Vogtei über den Bahnhof zum Fischmarkt (und Friedhof) und passiert hier die Westhäuser Straße in Spiegelsberge.

195

Eine der romantischen Stellen in der weitgehend zerstörten Unterstadt blieb die Ecke Dominikanerstraße/Gröperstraße, wo die Strecke vom Friedhof in das von der Vogtei kommende Gleis einmündet. Triebwagen 33 und Beiwagen 55 sind unterwegs als Ringlinie vom Friedhof über den Bahnhof zur Vogtei.

Die vom Krieg verschonten Fachwerkhäuser wurden leider derart vernachlässigt, dass das Eckhaus links später abgebrochen werden musste. Im Hintergrund ist auch die Katharinenkirche erhalten geblieben.

196

An der Ausweiche Herbingstraße setzt ein typenreiner Gotha-Zweirichtungszug aus Triebwagen 41 und Beiwagen 59 seine Rundfahrt Richtung Friedhof fort.

Nach dem Krieg erhielt Halberstadt zunächst zwei LOWA-Züge. Ab 1957 kamen auch Gotha-Wagen in den Bestand: die T57-Triebwagen 37 und 39-42 sowie die beiden B57-Beiwagen 59-60. Die Flotte wurde von 1972 bis 1991 durch Einrichtungs-Wagen ergänzt, die gebraucht aus Halle, Magdeburg (Normalspur!) und Cottbus übernommen wurden und die Vorkriegswagen nach und nach ersetzten. 1991 hatte Halberstadt einen Bestand von 13 Gotha-Triebwagen und fünf Beiwagen quer durch die verschiedenen Lieferserien T/B57, T/B62 und T/B2D.

Magdeburg

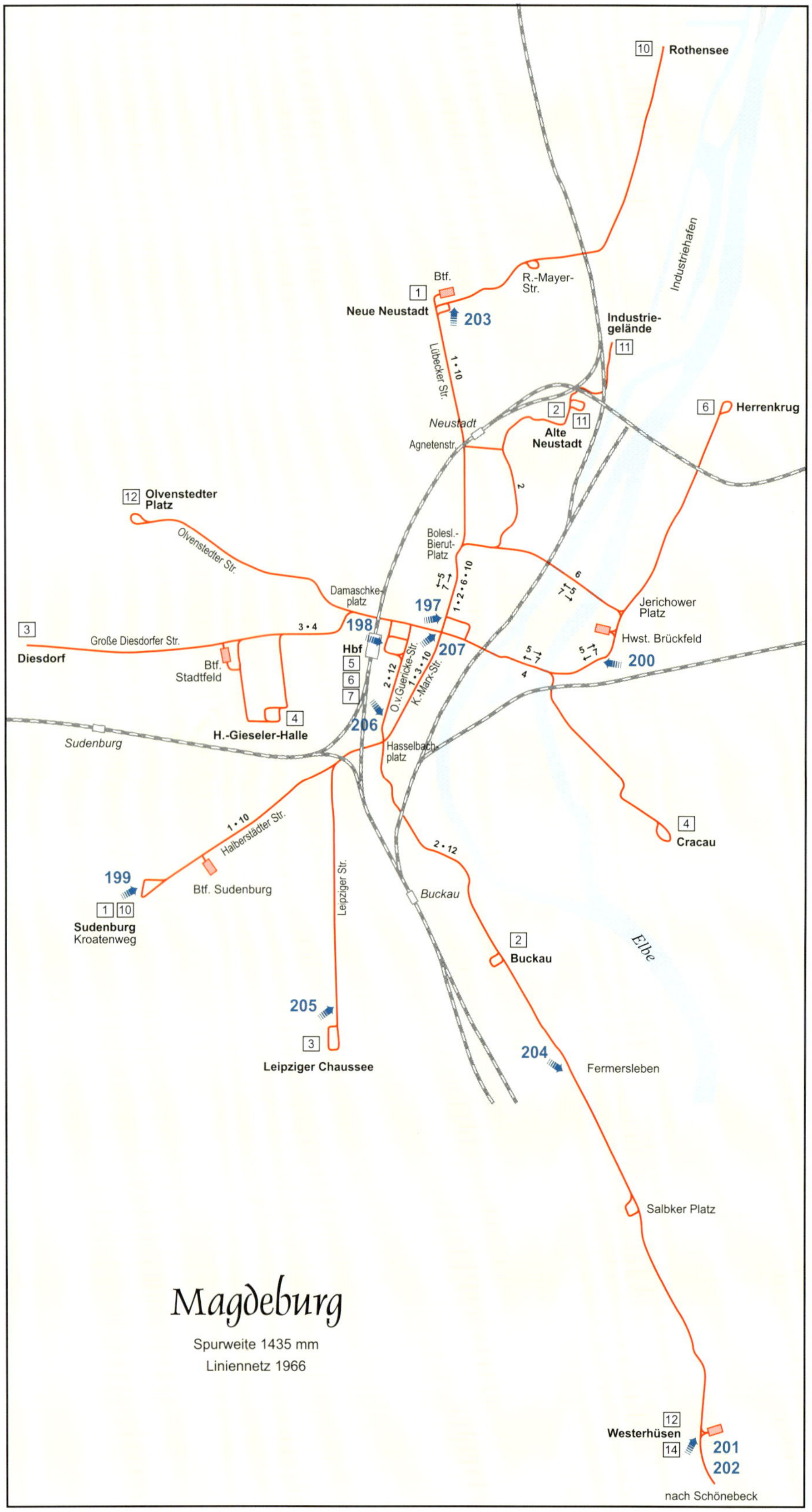

Die heutige Landeshauptstadt von Sachsen-Anhalt, verkehrsgünstig an der mittleren Elbe gelegen, erlangte schon im Mittelalter Bedeutung als Handelsplatz. Während des Dreißigjährigen Kriegs war Magdeburg schwer umkämpft und wurde schließlich fast völlig zerstört. Im 19. Jahrhundert entwickelte sich Magdeburg, auch dank der Erschließung durch die Eisenbahn, zu einem Schwerpunkt des Maschinenbaus.

Auch der Zweite Weltkrieg traf die Stadt schwer - fast die ganze Altstadt lag in Schutt und Asche. Was der Krieg vom historischen Stadtzentrum noch übrig gelassen hatte, wurde weitgehend der breiten Schneise der sozialistischen Prachtstraße Wilhelm-Pieck-Allee (heute Ernst-Reuter-Allee) geopfert, die in Ost-West-Richtung vom Hauptbahnhof zur Strombrücke über die Elbe verläuft. Auch die alte Nord-Süd-Achse Magdeburgs, der Breite Weg - zu DDR-Zeiten Karl-Marx-Straße -, wurde großteils mit Platten-Einheitsarchitektur bebaut. „Romantische" Fotomotive sucht der Straßenbahnfreund daher im Zentrum vergebens.

Schon 1877 nahmen die ersten Linien eines Pferdbahnnetzes den Betrieb auf. Die elektrische Straßenbahn rollt seit 1899 durch die Stadt. Das Netz erschloß von Anfang an von der Innenstadt aus die wichtigsten Vororte und wurde später schrittweise erweitert. Eine gewisse Sonderstellung nahm die rund 16 km lange Vorortbahn nach Schönebeck ein, die leider 1969 stillgelegt wurde.

Nicht erst seit der Wende wurde der Betrieb Schritt für Schritt modernisiert und ausgebaut. Neue Wohngebiete im Norden der Stadt wurden an die Straßenbahn angeschlossen. Die konsequente Erneuerung des Fahrzeugparks in den letzten Jahren durch Niederflurzüge zeigt, daß Magdeburg auch in Zukunft auf die Straßenbahn setzt.

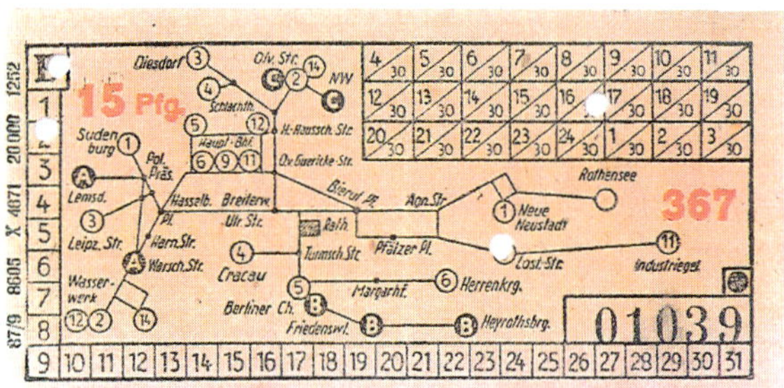

197 Abendstimmung am 14. Mai 1966 im nördlichen Teil der Karl-Marx-Straße (Breiter Weg), die Anfang der sechziger Jahre neu bebaut wurde. Die Linie 5 bedient die Ringlinie vom Hauptbahnhof über die Strombrücke zur Berliner Chaussee und zurück über den Nordbrückenzug und die Karl-Marx-Straße zum Hauptbahnhof.

Die Beschilderung „Berliner Chaussee" ist offensichtlich nicht richtig, denn Triebwagen 97 und Beiwagen 230 werden gleich nach rechts in die Wilhelm-Pieck-Allee zum Hauptbahnhof einbiegen. Der Weichenkontakt in der Oberleitung funktioniert anscheinend nicht, die Weichenstellerin ist mit ihrem Stelleisen schon unterwegs. Rechts ist das Gleis zum Alten Markt erkennbar, ein Rest der alten Vorkriegs-Linienführung durch die frühere Altstadt, das nur noch für Betriebsfahrten genutzt wird.

Der Triebwagen gehört zur Serie 91-140, die 1927-29 von Christoph & Unmack in Niesky gebaut wurde. Die Beiwagen-Reihe 201-230 wurde 1926 von der Dessauer Waggonfabrik geliefert und ist mit den Triebwagen 91-140 weitgehend baugleich.

198

In der Schleife vor dem Hauptbahnhof steht am 14. Mai 1966 der „kleine Hecht“ 64 mit dem Beiwagen 259. Der Zug der Linie 4 kommt aus Cracau jenseits der Elbe und fährt zur Hermann-Gieseler-Halle. Im Hintergrund ist das wegen seiner kundenunfreundlichen Haltung bei Ausländern berüchtigte Magdeburger Interhotel zu sehen.

In Nachfolge von Dresden beschaffte auch Magdeburg 1938 und 1943/44 bei Christoph & Unmack in Niesky 18 zweiachsige „kleine Hechtwagen“, die Serie 61-78. Der Beiwagen stammt aus der Reihe 250-259 des sog. „Warschauer Typs“, 1942 von der Waggonfabrik Danzig gebaut, übrigens die gleiche Bauart wie sie in Berlin während des Krieges verkehrte. Die formschönen Hecht-Triebwagen wurden teilweise 1965 zur Einrichtungswagen umgebaut und standen bis 1973 im Linieneinsatz, die Beiwagen fuhren noch bis 1975. Triebwagen 70 blieb als Museumswagen erhalten.

199

In der Schleife Sudenburg, die um einen Block von schönen Althäusern herumführt, stehen am 14. Mai 1966 drei Vorkriegszüge der Linien 1 und 10 an der Endhaltestelle Kroatenweg. Das Kind im Vordergrund fragt sich sicher, was der Onkel mit der komischen Kamera da so interessant findet . . .

Der vordere Zug bedient die Linie 1 von Sudenburg zur Neuen Neustadt und besteht aus Triebwagen 132 und den Beiwagen 282 und 291. Das „OS“-Schild weist auf den zwei Jahre zuvor eingeführten schaffnerlosen Betrieb hin. Der dahinter wartende Zug der Linie 10 hat mit Wagen 115 den gleichen Triebwagentyp und nimmt auch den gleichen Linienweg, fährt aber über die Neue Neustadt hinaus bis Rothensee.

Der Triebwagen gehört zur Reihe 91-140, gebaut 1927-29 von Christoph & Unmack in Niesky (siehe Bild 197). Die Beiwagen der Reihe 278-302 wurden 1911-14 von Falkenried in Hamburg geliefert. Die Triebwagen wurden noch bis 1975/76 eingesetzt, die Beiwagen verschwanden aus dem Linienverkehr zwischen 1967 und 1971. Triebwagen 124 und Beiwagen 300 blieben erhalten.

200

Die Linie 5, aufgenommen im April 1968 an der Haltestelle Berliner Chaussee im Stadtteil Brückfeld, auf der rechten Elbseite unweit der Hauptwerkstatt der Magdeburger Straßenbahn. Gegenüber stellt ein Ikarus-Bus den Anschluß mit der Linie B Richtung Friedrichstadt und Heyrothsberg her.

Auf Fahrgestellen kriegszerstörter Triebwagen baute die Waggonfabrik Werdau 1949/50 acht dieser formschönen „Aufbauwagen" auf, die die Reihe 101-108 bildeten. Der Beiwagen 386 gehörte ursprünglich den Magdeburger Vorortbahnen und wurde 1921 in Werdau gebaut.

Die Magdeburger Vorortbahnen AG eröffnete in mehreren Schritten zwischen 1914 und 1926 eine Vorortstrecke nach Schönebeck, die mit eigenen Vorortbahnwagen betrieben wurde, ab 1923 von der Städtischen Straßenbahn. Die Linie 14 fuhr bis Schönebeck, die Linie 12 verkehrte nur im Stadtbereich bis Westerhüsen, in der Gegenrichtung bis Olvenstedter Platz.

Am 14. Mai 1966 rangiert eine typenreine Vorortbahngarnitur aus Triebwagen 185, Beiwagen 386 und 382 an der Endstelle der Linie 12 am Betriebshof Westerhüsen. Alle Fahrzeuge wurden zwischen 1918 und 1928 von der Waggonfabrik Werdau in robuster Bauart geliefert. Die Vorortbahn-Triebwagen (ursprünglich 1-14, davon 7 und 14 Kriegsverlust) wurden 1949 in das städtische Nummernsystem als 181-192 integriert. Von den 18 Beiwagen Nr. 20-37 überlebten zwei den Krieg nicht (23, 31), die übrigen erhielten 1949 die städtischen Nummern 381-396. Alle Vorortbahnwagen wurden bis 1972 ausgemustert.

201

202

Neben den Original-Vorortbahnwagen wurden auch andere Fahrzeuge bunt gemischt auf den Linien 12 und 14 eingesetzt, wie die Aufnahme vom gleichen Tag am Betriebshof Westerhüsen zeigt.

Der Zug nach Schönebeck (links) wird von Triebwagen 141 geführt, Teil einer Serie von 30 Stahlwagen, die 1925 je zur Hälfte von Gebr. Schöndorff, Düsseldorf und Dessau geliefert wurde. Diese Fahrzeuge waren weitgehend baugleich mit der Nachfolgeserie 91-140 von 1927 (siehe Bild 199). Die Numerierung lief anfangs von 143 bis 172; 1939 wurden vier Wagen so umgezeichnet, daß sich die Serie 141-170 ergab - aus dem 157 wurde der abgebildete 141. 1956 erhielten die 25 Wagen, die den Krieg überstanden hatten, neue Wagenkästen in Gotha. Die letzten wurden 1975 ausgemustert. Der Beiwagen 219 entstammt der zu den Triebwagen passenden Serie 201-230 (Waggonfabrik Dessau/1926).

Rechts steht ein LOWA-Zug der Linie 12 Richtung Olvenstedter Platz. Magdeburg hatte insgesamt elf LOWA-Triebwagen, davon sieben ET 50 (Werdau; Nr. 1-7) und drei ET 54 (Gotha; Nr. 8-10, 50). Dazu gehörten 14 LOWA-Beiwagen mit den Betriebs-Nummern 245-250, 261-268. Die LOWA-Wagen wurden alle bis 1975 ausrangiert.

Ein halbes Jahr nach dieser Aufnahme wurde der schaffnerlose Betrieb im Stadtbereich eingeführt. Damit wurde der durchgehende Verkehr der Linie 14 aufgegeben. Zwischen Westerhüsen und Schönebeck verkehrte ab 11. Oktober 1966 nur noch ein Pendelwagen, der aus tariflichen Gründen weiterhin mit einem Schaffner besetzt war. Am 29. Juni 1969 schließlich wurde auch dieser Restbetrieb eingestellt.

203

Mitten zwischen den Ruinen des im Krieg schwer getroffenen Stadtteils Neue Neustadt ist ein moderner Plattenbau entstanden, der die Aufnahme vom 31. März 1975 in der Kastanienstraße prägt. Der Dreiwagenzug der Linie 10 kommt von Rothensee mit Ziel Sudenburg und scheint an diesem Samstagnachmittag weit und breit der einzige Verkehrsteilnehmer zu sein. Er passiert gerade die Kreuzung mit der Zielitzer Straße, aus der das Gleis der Gegenrichtung einmündet. Links liegt der Betriebshof Neue Neustadt.

Triebwagen 116 gehört zur schon beschriebenen Serie 91-140 (Bild 199). Die Beiwagen 309 und 332 sind Teil einer Serie von 60 Wagen (307-366), die 1928/29 in Dessau aus Triebwagen der ersten Generation von 1898/1900 umgebaut wurden. 1975/76 quittierten sie den Dienst. Beiwagen 345 blieb als Museumswagen erhalten.

204

In den südlichen Vororten Buckau, Fermersleben und Salbke, die von der Linie 12 erschlossen werden, scheint die Welt am 14. Mai 1966 noch friedlich und in Ordnung. Auf der von Alleebäumen gesäumten Hauptstraße „Alt Fermersleben" hält ein Dreiwagenzug auf seiner Fahrt von Westerhüsen zum Olvenstedter Platz. Die Fahrgäste können ungefährdet ein- und aussteigen, denn Autos sind an diesem Sonntagnachmittag weit und breit nicht in Sicht.

Der Triebwagen 38 hat bereits ein bewegtes Leben hinter sich. In den Anfängen der Magdeburger Straßenbahn baute Falkenried 20 vierachsige Maximum-Triebwagen 101-120 mit offenen Plattformen, die 1925 von der Waggonfabrik Dessau komplett modernisiert und mit einem zweiachsigen Fahrgestell versehen wurden (neu Nr. 36-55). Die 13 Wagen, die die Bombennächte 1944/45 überlebt hatten, erhielten 1952-55 in Werdau eine erneute Verjüngungskur analog den Aufbauwagen. Ein Jahr nach diesem Foto wurden sie ausnahmslos verschrottet.

Die beiden Beiwagen 360 und 361 wurden 1951 in Gotha auf alten Fahrgestellen neu aufgebaut; die Ursprungsfahrzeuge sind unbekannt. Insgesamt wurden 1950-57 in Werdau und Gotha 15 Aufbau-Beiwagen für Magdeburg gebaut, die als 350-364 bezeichnet wurden. Die Serie wurde zwischen 1969 und 1975 ausgemustert.

205

Genau wie Berlin und Dresden beschaffte auch Magdeburg 1962-64 eine Reihe vierachsiger Großraumzüge bei der Waggonfabrik Gotha. Von 1962 bis 1964 wurden insgesamt 14 Züge in Dienst gestellt (Tw 431-444, Bw 561-574). Lange waren sie nicht in Magdeburg unterwegs. Als ab 1968 die Tatra-T4D in großen Stückzahlen anrollten, wurden sie als „Typenbereinigungsaktion" 1969 nach Berlin abgegeben, wo ohnehin die größte Anzahl dieses Typs im Einsatz war.

Am 14. Mai 1966 kam dem Verfasser solch ein Zug (438 + 568) in der Leipziger Straße kurz vor dem Endpunkt Leipziger Chaussee vor die Linse.

206

Im Vergleich zu anderen Städten beschaffte Magdeburg relativ wenig Gotha-Wagen. Fabrikneu ist der Dreiwagen-Zug aus Triebwagen 415 und den Beiwagen 523 + 525, der am 14. Mai 1966 von Buckau auf der Linie 2 in die Alte Neustadt fährt, wo sonntäglicher Frieden herrscht.

1960/61 lieferte Gotha sieben T57 (400-406), 1965/66 folgten noch einmal zehn T2-62 (407 - 417). Die Beiwagen-Flotte war etwas größer und umfaßte 14 B57 (500-513) sowie 27 B2-62 (514-550). Die Gotha-Wagen blieben nur etwas mehr als 10 Jahre im Einsatz. 1976-78 wurden sie vorwiegend nach Potsdam und Dessau abgegeben. Triebwagen 413 und Beiwagen 533 kamen 1993 wieder aus Dessau zurück, um in Magdeburg als Museumszug zu fahren.

207

Das moderne Zentrum Magdeburgs am 14. September 1978 - der typische Baustil der DDR-Städteplaner kombiniert mit zwei ebenso typischen Tatra-Zügen. Der Blick geht von der Wilhelm-Pieck-Allee nordwärts in die Karl-Marx-Straße (Breiter Weg). T4D-Triebwagen 1107 ist mit einem B4D als Linie 1 auf dem Weg nach Sudenburg.

Magdeburg erhielt ab 1969 große Stückzahlen von T4D und B4D, insgesamt 274 Triebwagen (1001-1274) und 142 Beiwagen 2001-2142). Die Lieferungen gingen bis 1986 und bescherten Magdeburg damit den größten einheitlichen Fahrzeugpark seit Bestehen der Straßenbahn. Mit der Ausmusterung der letzten Gotha-Wagen im Sommer 1978 war Magdeburg obendrein der erste „typenreine Tatra-Betrieb" der DDR!

Von diesen Wagen wurden nach der Wende noch 75 Triebwagen und 28 Beiwagen modernisiert. Mit der Inbetriebnahme neuer Niederflurwagen sank der Bedarf an Tatra-Wagen entsprechend. Zwischen 1994 und 1998 gingen von den nicht modernisierten T/B4D-Fahrzeugen 42 Triebwagen und 20 Beiwagen nach Oradea und sechs Triebwagen nach Botosani, beide in Rumänien. Weitere 15 Trieb- und zehn Beiwagen wurden 1998 nach Pjöngjang in Nordkorea abgegeben.

Schwerin

Die heutige Landeshauptstadt von Mecklenburg-Vorpommern hatte schon im 12. Jahrhundert Bedeutung als Sitz der Grafen von Schwerin und eines Bistums, später als Residenz der Großherzöge von Mecklenburg. Das Residenzschloß, Mitte des 19. Jahrhunderts auf einer Insel im Schweriner See im französischen Stil errichtet, ist heute Sitz der Landesregierung. Bereits 1881 erhielt Schwerin ein knapp 4 km langes Pferdebahnnetz, das allerdings wegen Finanzproblemen nach nur vier Jahren wieder eingestellt und abgebaut wurde. Die elektrische Straßenbahn hielt erst 1908 in der Residenzstadt Einzug, dehnte sich aber bald auf eine Länge von fast 13 km mit bis zu 5 Linien aus. Die Betriebsgeschichte ist kompliziert und verwickelt. Das Netz änderte sich wiederholt, sogar eine Gesamteinstellung war in schwierigen Zeiten im Gespräch.

Auch der erste Besuch des Fotografen in Schwerin im September 1968 fiel in eine Zeit des Umbruchs. Die 1936 stillgelegte Strecke nach Lankow wurde reaktiviert und neu trassiert. So wurde die Linie 2 von der Werderstr. zum Friedhof bereits im Juni 1968 in der Innenstadt auf die Route Leninplatz - Fr.-Mehring-Str. - Friedensstr. - Voßstr. umgelegt (im Plan gestrichelt). Im September 1969 wurde sie ganz eingestellt; statt dessen wurde eine neue Linie 2 Lankow - Leninplatz - Freilichtbühne eingeführt. 1974 wurde die Neubaustrecke zum Großen Dreesch fertig, dafür die Linie nach Zippendorf 1977 eingestellt.

208

Bei einem schweren Luftangriff am 7. April 1945 wurden Teile der Innenstadt und das Straßenbahndepot schwer getroffen, die übrigen Stadtteile blieben weitgehend unversehrt, wie die auf dem Bild gezeigte Villa der „Kückenstiftung“ (Friedrich Wilhelm Kücken war Hofkapellmeister in Schwerin). Heute hat das ZDF sein Domizil hier aufgeschlagen.

Die Einmündung der August-Bebel-Str. in den Straßenzug Wilhelm-Pieck-Straße (heute wieder Arsenalstraße) - Otto-Grotewohl-Straße (Friedrichstraße) liegt in einem vornehmen Viertel der Innenstadt. Am 12. September 1968 ist hier der Aufbau-Triebwagen 12 auf der Linie 2 vom Leninplatz (heute wieder Marienplatz) zur Werderstraße unterwegs. Wegen der Umbauarbeiten am Leninplatz war die Linie 2 geteilt und konnte nicht mit Beiwagen bedient werden, wie die gute Auslastung des Wagens zeigt.

Hier scheint die Zeit stillgestanden zu haben, und wenig deutet darauf hin, daß man sich im Zentrum einer Bezirkshauptstadt befindet. Schon in den dreißiger Jahren wurde der Straßenbahnbetrieb eingeschränkt und nur noch eine Linie bedient; eine Gesamteinstellung war jedoch nicht vorgesehen. Bereits 1936 wurde die Linie zur Werderstraße auf Omnibus umgestellt, aber ab 1940 im Abschnitt Marienplatz - Friedhof erneut als Straßenbahn betrieben. Zur Werderstraße ging es seit dem 14. Oktober 1949 wieder mit der Straßenbahn. Am 18. September 1968, fast genau ein Jahr nach der Aufnahme, wurde die Strecke dann endgültig eingestellt.

Der abgebildete Triebwagen 12 entstand als Aufbauwagen 1950 in Wismar auf einem Fahrgestell der Serie 26-30 (Wismar/1926), 1971 wurde er verschrottet.

209

Der Luftangriff am 7. April 1945 zerstörte den Betriebshof Wallstraße sowie alle darin befindlichen Straßenbahnfahrzeuge. Nur vier Triebwagen und vier Beiwagen standen zur Betriebsaufnahme 1946 noch zur Verfügung.

Einer der überlebenden Wagen war der Niederflur-Triebwagen 40 (später Nr. 1), der 1929 in Wismar gebaut wurde. Er wurde 1956 Arbeitstriebwagen in der auf dem Bild zu sehenden Lackierung und wurde 1970 zerlegt. Der zweite Niederflur-Triebwagen 39 wurde ein Opfer des Krieges.

Dahinter ist ein Beiwagen der Reihe 56-62 zu sehen, 1950 aus Dresden übernommen und bis 1971 im Betrieb. Weiter befinden sich zwei LOWA-Triebwagen auf dem Gelände, darunter Triebwagen 14 aus der Reihe 13-16 (Werdau, 1951/52), die ebenfalls nur bis 1970/71 in Dienst standen. Triebwagen 14 wurde schließlich 1974 verschrottet.

210

Die Schweriner Straßenbahn hält etwas Abstand vom Hauptbahnhof: zwei Reko-Züge der Linie 1 am 4. April 1976 in der Wismarschen Straße, gegenüber dem Bahnhofsplatz. Der Zug links im Bild fährt südwärts nach Zippendorf, der andere zum entgegengesetzten Endpunkt Klement-Gottwald-Werk (heute Nordstadt).

Die wachsende Industrie und neue Wohngebiete in Lankow gaben Anlass zur Erweiterung des Streckennetzes und des Fahrzeugparks. Nach der Beschaffung der Gothazüge transportierte man 1970-73 16 Vorkriegs- und LOWA-Wagen zum RAW Schöneweide, das dafür im Gegenzug 16 Reko-Triebwagen (4-19) und nicht weniger als 40 Reko-Beiwagen (90-100 und 35-63) lieferte! Ab 1981 wurden EDV-Nummern eingeführt, wobei die Triebwagen die Berliner (!) Nummerngruppe 217 und die Beiwagen die 267 erhielten. Mitte der achtziger Jahre kamen Tatrazüge in großer Zahl nach Schwerin, die die Reko-Wagen nach und nach ersetzten. 1987 gingen ein Trieb- und drei Beiwagen nach Dessau, damit waren keine Reko-Wagen mehr im Bestand.

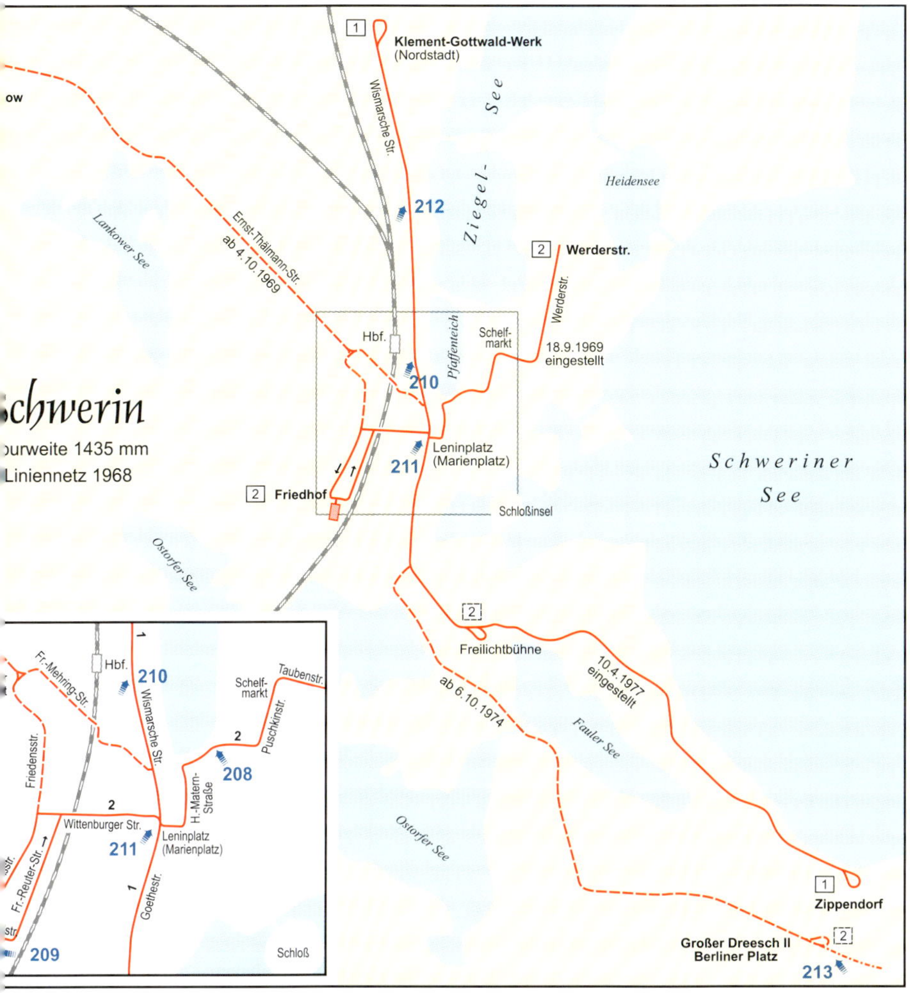

Zentraler Knotenpunkt der Schweriner Straßenbahn ist der Leninplatz (heute wieder Marienplatz) in der Stadtmitte. Am 4. April 1976 kommt ein Reko-Zug der Linie 1 aus Richtung Klement-Gottwald-Werk (Triebwagen 14 mit Beiwagen 61 und 62) und hat gegenseitigen Anschluß mit einem Tatra-Großzug der Linie 2. Nachdem am 4. Januar des gleichen Jahres der erste Tatra-T/B3D-Zug in Betrieb kam, ist der abgebildete Zug der zweite dieses Typs in Schwerin: Triebwagen 203 und 204 mit Beiwagen 302, unterwegs auf der „neuen" Linie 2 von Lankow nach der Neubau-Vorstadt Großer Dreesch.

Der gemütlich kleinstädtisch anmutende Verkehrsknotenpunkt bildet einen seltsamen Kontrast zu dem modernen, langen Tatrazug. Kurz nach der Inbetriebnahme hat man in Schwerin mit damals nur zwei Linien mit unterschiedlichen Fahrzeugtypen offenbar noch kein Bedürfnis, die kleinen Ziffern im Filmkasten durch besser sichtbare Liniennummern zu ersetzen ...

Neben Karl-Marx-Stadt hat Schwerin als einzige Stadt der DDR 2,50 Meter breite Tatrawagen der Prager Standard-Ausführung T3 in Betrieb. Die Schweriner Neubaustrecken nach Großer Dreesch und Neu Pampow wurden von vornherein für die breiten Fahrzeuge gebaut, die Stadtstrecken bis 1979 entsprechend angepaßt. Insgesamt wurden zwischen 1973 und 1988 115 Triebwagen (201-297, 401-418) und 56 Beiwagen (301-347, 351-359) geliefert, mit denen im Betrieb Großzüge gebildet wurden (2 Tw + 1 Bw). Bei der Einführung der sechsstelligen EDV-Nummern 1981 erhielten die Triebwagen die 208 vorangestellt, die Beiwagen die 258.

Nach der Wende wurden 82 Triebwagen und 20 Beiwagen modernisiert. Die beiden zuletzt gebauten T3D 417 und 418 sowie der letzte B3D 359 verbleiben in ihrem Anlieferungszustand und werden noch bis 2005 im planmäßigen Fahrgastverkehr eingesetzt. Ein weiterer Zug ging ins Museum von Prora auf Rügen. Seit 1997 fahren 13 nicht modernisierte Triebwagen weiter im schwer erreichbaren russischen Vladikavkas im Kriegsgebiet des Kaukasus sowie 12 Triebwagen in Woronesh, 2002 gingen sechs modernisierte Doppeltriebwagen nach Daugavpils in Lettland.

211

Jan Jaap Carels

212

Für die Neubaustrecke nach Lankow Siedlung bestellte Schwerin 11 Triebwagen und 22 Beiwagen des Gotha-Einrichtungstyps T2-62/ B2-62, die 1966-1969 abgeliefert wurden (Tw 25-35, Bw 68-89). Weil die Strecken noch keine Endschleifen hatten, bestand allerdings vorerst noch kein Bedarf an Einrichtungswagen. So liefen die Triebwagen 29-35 und die Beiwagen 74-87 aus dem Lieferjahr 1967 als Mietfahrzeuge bis 1969 in Magdeburg. Mit der Anlieferung von Tatra-Fahrzeugen wurde der Bestand an Gotha-Wagen reduziert und zum Teil an Dessau und Rostock abgegeben, die übrigen Fahrzeuge wurden 1989 ausgemustert. Im Fahrgastbetrieb konnte man Gotha-Züge bis 1988 erleben.

Das Foto zeigt einen Gotha-Zug (Tw 30 + Bw 70) am 18. April 1984 in der nur eingleisig befahrbaren Wismarschen Straße, unterwegs als Linie 1 vom Klement-Gottwald-Werk nach Großer Dreesch II. Der eingleisige Abschnitt wurde 1991 zweigleisig ausgebaut. Offenbar wurde der Triebwagen nach einem Zusammenstoß nur notdürftig repariert. Nach seiner Abgabe nach Dessau 1987 war er dort aber immerhin noch bis 1990 im Einsatz.

Jan Jaap Carels

213

Als letzte Neubaustrecke ging die stadtbahnmäßig angelegte, 2,5 km lange Verlängerung von Großer Dreesch II / Berliner Platz nach Großer Dreesch III / Hegelstr. am 7. April 1984 in Betrieb. Zehn Tage später wurde ein Tatra-T/B3D-Zug (Triebwagen 271 + 272 + Beiwagen 336) auf der Linie 2 im Neubauabschnitt kurz hinter der bisherigen Endstelle Berliner Platz aufgenommen. In der Endschleife im Hintergrund steht ein Reko-Dreiwagenzug. Der Tatra-Zug trägt bereits eine EDV-Nummer über seiner bisherigen Wagennummer und eine große Tafel mit der Liniennummer im Führerstandsfenster.

In beachtlich kurzer Zeit entwickelte sich der kleine Schweriner Straßenbahnbetrieb, der fast schon einmal vor der Einstellung gestanden hatte, zu einem Massenverkehrsmittel mit dreifacher Netzgröße, modernem Tatra-Rollmaterial und Stadtbahnstrecken auf eigenem Bahnkörper, wie man es sonst in der DDR bisher nicht kannte.

Rostock

Um 1200 begann die Entwicklung Rostocks zur blühenden Handelsstadt. Dank seiner Lage an der schiffbaren Warnow unweit der Ostsee konnte Rostock Handelsbeziehungen quer durch Europa aufbauen - im 14. und 15. Jahrhundert war die Stadt Mitglied der Hanse. 1419 wurde die Universität gegründet, die älteste Hochschule Nordeuropas. Im Zweiten Weltkrieg hatte Rostock schwer zu leiden, große Teile der Altstadt wurden zerstört. Das historische Zentrum wurde nach und nach wiederaufgebaut, daneben erfolgte der Ausbau des Seehafens und der Werftindustrie.

Schon 1881 erhielt Rostock ein städtisches Verkehrsmittel in Form einer Pferdebahn, die bald mit wirtschaftlichen Problemen zu kämpfen hatte. Erst 1904 wurde sie auf elektrischen Betrieb umgestellt. Das Straßenbahnnetz erfuhr wiederholt Veränderungen. Einige Abschnitte verschwanden ganz, dafür gab es Verlängerungen Richtung Norden (Marienehe) und im Westen (Neuer Friedhof). Bemerkenswert ist der Bau der neuen Linie 4 nach Dierkow und Gehlsdorf 1948-51, die allerdings bereits 1974 wegen schlechten Gleiszustandes wieder eingestellt wurde. Erst in den achtziger Jahren wurde ein großzügiges Ausbauprogramm östlich der Warnow gestartet, und Dierkow erhielt wieder Straßenbahnanschluß, nun mit drei neuen Linienästen! Seit Jahren in Planung ist die Erschließung der Südstadt jenseits des Hauptbahnhofs.

Wenig bekannt ist übrigens, daß die Rostocker Straßenbahn seit der Pferdebahnzeit bis 1973 auf einer Spurweite von 1440 mm fuhr!

214

Das Wahrzeichen Rostocks, das nach seiner Zerstörung im Zweiten Weltkrieg wiederaufgebaute Steintor, und das daneben befindliche unzerstörte Ständehaus bilden am Karl-Marx-Platz einen schönen Hintergrund für die Rostocker Straßenbahn.

Triebwagen 65 führt einen gepflegten Gotha-T2-/B2-62-Einrichtungszug auf der Linie 12 von Marienehe zum Hauptbahnhof. Die Gotha-Einrichtungswagen (Triebwagen 60-66 und Beiwagen 171-184) wurden 1974/75 aus Karl-Marx-Stadt übernommen, als dort ausreichend Tatrawagen auf den neuen Regelspur-Linien in Betrieb genommen wurden. Später erhielten die Triebwagen die Nummern 781-788 (ohne 785). Die Beiwagen wurden zu 901-907, 921-923, 927-931 umnumeriert und - mit Ausnahme des 930, der 1987 nach einem Unfall ausschied - zwischen 1990 und 1995 verschrottet.

Schon kurz nach dem Krieg, 1948, nahm die Rostocker Straßenbahn eine Neubaustrecke vom Steintor nach Dierkow West in Betrieb - für die damalige Zeit eine ungewöhnliche Neubaustrecke, die 1951 nach Gehlsdorf verlängert wurde. Wegen der großen Gefällestrecken konnte auf der Linie 4 nur mit einem Beiwagen gefahren werden. Auch nach der Einführung des OS-Betriebes fuhren deshalb Bremser auf den Beiwagen mit. In der Hauptverkehrszeit wurden häufig Zusatztriebwagen bis Dierkow West eingesetzt.

Der abgebildete Triebwagen 40 ist ein „Stahlwagen" und steht im September 1968 an der Kuppelendstelle Steintor als Standtriebwagen. Er basiert auf einer Serie von sechs Fahrzeugen, die 1940-42 in Wismar in Anlehnung an die Einheitsstraßenbahnwagen gebaut wurden (34-39). Als Nachfolgeserie kamen 1950 die Wagen 40-42 hinzu. Die Wagen standen bis 1971 im Dienst, wurden teilweise Arbeitswagen und schieden bis 1981 endgültig aus.

Die Linie 4 wurde nach 26 Jahren Betriebszeit am 24. März 1974 auf Omnibus umgestellt.

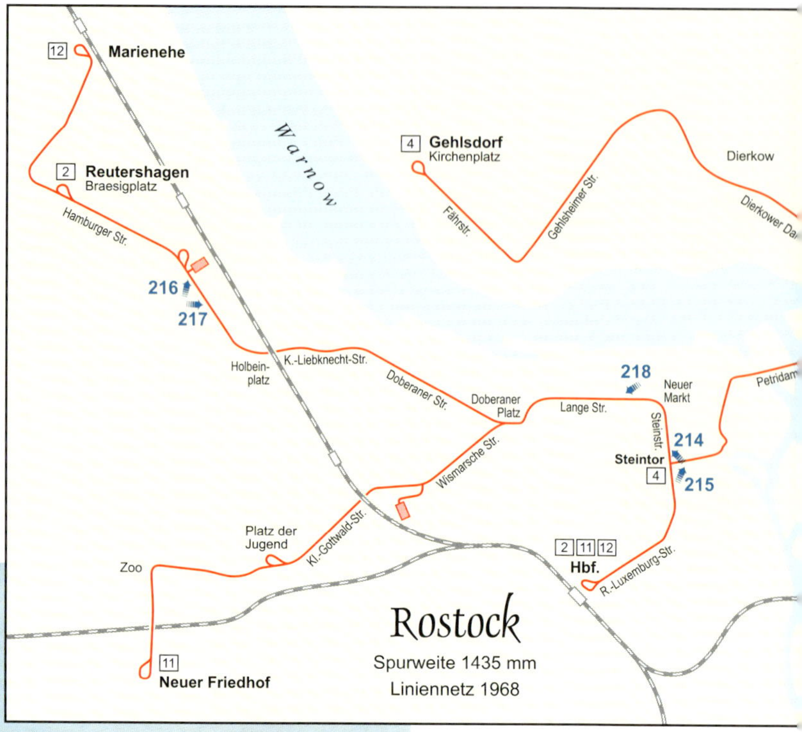

215

216

Der 1955 in Betrieb genommene Betriebshof Hamburger Straße bildet den Hintergrund für einen bunt zusammengewürfelten Zug der Linie 2 von Reutershagen zum Hauptbahnhof im September 1968.

LOWA-Triebwagen 56 ist der letztgelieferte Vertreter der Reihe 43-56 (Werdau/Gotha 1951-55) und stand bis 1973 in Dienst. Der erste Beiwagen gehört zur Reihe 122-124, die 1951 in Wismar gebaut wurden. Wegen der Übernahme der Waggonfabrik in die Schiffswerft durften offiziell keine Straßenbahnen mehr gebaut werden, so dass diese Wagen als „Aufbauwagen" deklariert wurden. Sie blieben nur bis 1969 im Dienst. Der zweite Beiwagen entstammt der Reihe 115-120, die um 1900 von Weyer in Düsseldorf für die dortige Rheinbahn gebaut und 1939 nach Rostock verkauft wurde. Sie wurden zwischen 1956 und 1961 in eigener Werkstatt völlig neu aufgebaut. 1971 schieden die beiden letzten Vertreter dieser Serie aus dem Bestand.

Die Linie 2 wurde nach dem zweigleisigen Ausbau des Abschnittes Reutershagen - Marienehe ab dem 4. Oktober 1971 mit der Verdichtung der Linie 12 eingestellt.

217

Die gleiche Stelle am gleichen Tag, aber der Fotograf hat sich um 90° gedreht: ein typenreiner LOWA-Zug auf der Linie 12, unterwegs nach Marienehe.

Triebwagen 47 stammt aus der Reihe 43-56, die Beiwagen gehören zur Serie 132-157, die 1951-56 von Werdau und Gotha geliefert wurde. Die LOWA-Beiwagen standen bis 1990 im Linieneinsatz, die Triebwagen bis 1992. Triebwagen 44, 46 und Beiwagen 156 blieben neben mehreren Arbeitswagen erhalten.

218

Dieses herrliche Ensemble aus alten Kaufmannshäusern und der gotischen Marienkirche am Ernst-Thälmann-Platz (früher und heute Neuer Markt) beschließt unsere Rundreise durch die DDR. Vor dieser schönen hansestädtischen Kulisse rollt am 4. April 1976 die Linie 11 vom Neuen Friedhof zum Hauptbahnhof vorbei. Der G4-Gelenkwagen 21 ist mit dem Gotha-Beiwagen 161 behängt.

Wie Leipzig, Erfurt, Gotha und Potsdam beschaffte Rostock zwischen 1961 und 1967 vierachsige Gelenkwagen des Typs „Zwei Zimmer mit Bad“ von Gotha, die von 1 bis 21 numeriert wurden. Später kam als Ersatz für die nach Brandschäden ausrangierten Triebwagen 2 und 8 aus Leipzig und Potsdam je ein Wagen (Leipzig 1140 = Rostock 22, später 702; Potsdam 161 = Rostock 8, später 708).

Ab 1984 bildeten die Gelenkwagen die Nummernreihe 701-721. Aus Leipzig wurden 1983-86 nochmals 14 Fahrzeuge übernommen und in Rostock als 722-735 eingereiht. Diese Beschaffung aus zweiter Hand kam zustande, weil Rostock erst 1988/89 seine ersten Tatrawagen zugewiesen bekam. Die G4-Gelenkwagen blieben noch bis 1996 im Einsatz. Damit war Rostock die letzte Stadt mit diesem Wagentyp. Die Abgabe dieser Wagen nach Bukarest scheiterte an den Transportkosten. Triebwagen 701 blieb als Museumswagen 1 erhalten.

AUS UNSEREM BUCHPROGRAMM FÜR BAHNFREUNDE...

Eisenbahnatlas Deutschland

Das Standard-Kartenwerk für alle, die beruflich oder als Hobby mit der Eisenbahn verbunden sind. Die gesamte Eisenbahnkarte Deutschlands im Maßstab 1:300.000, dazu 35 Detailkarten von wichtigen Ballungsräumen im vergrößerten Maßstab. Ein- und mehrgleisige Strecken, Haupt- und Nebenbahnen, elektrifizierte und dieselbetriebene Strecken, private und staatliche Bahnen sind klar unterschieden. Die neueste Ausgabe vom Herbst 2002 wurde komplett aktualisiert und nachgeführt, die Detailkarten um zahlreiche zusätzliche Blätter erweitert. U.a. neu in dieser Ausgabe: Abzweigstellen und Überleitstellen der DB AG. Mit ausführlichem Ortsregister und Verzeichnis der Eisenbahntunnel in Deutschland.

176 Seiten, Großformat 23,5 x 27,5 cm, gebunden
ISBN 3-89494-133-2

Aachener Straßenbahn

Einst gehörte sie mit ihrem ausgedehnten Netz, das weit ins Umland reichte, zu den größten Betrieben Deutschlands. Eine ausführliche Geschichte der „Öcher Tram“ mit zahllosen Bildraritäten, die das Flair der verschiedenen Epochen wieder Aufleben lassen - von der Pferdebahn über das elektrische Stadtnetz, die Ausdehnung in den Kreis und über die heutigen Grenzen hinweg bis zum langsamen Niedergang nach dem Krieg.

224 Seiten, 318 Fotos, davon 30 in Farbe, 18 Karten und Skizzen, Format 20,5 x 27,5 cm, gebunden, ISBN 3-89494-116-2

Magdeburger Straßenbahnen

Die Geschichte der Magdeburger Straßenbahnen von der Pferdebahn bis heute. Erinnerungen an die Dampfbahn zum Herrenkrug, die ersten elektrischen Bahnen nach Sudenburg, Diesdorf und Buckau, die Vorortbahn nach Schönebeck - mit vielen Aufnahmen aus dem alten und neuen Magdeburg. Netzpläne aus allen Epochen - Dokumentation aller Fahrzeuge: vom Pferdebahnwagen über die ersten „Elektrischen“, die Hechtwagen von 1939 und die Tatrawagen von 1969 bis zu den hochmodernen Niederflurzügen der Gegenwart.

144 Seiten, 237 Fotos, davon 15 in Farbe, 27 Karten und Skizzen, Format 20,5 x 27,5 cm, gebunden
ISBN 3-89494-118-9

Fahrzeuggeschichte schweizerischer Schmalspurbahnen - Rhätische Bahn und Furka-Oberalp-Bahn

Die gesamte Rollmaterialentwicklung, dargestellt in hunderten von Zeichnungen im einheitlichen Maßstab 1:87, dazu fundierte Texte, Tabellen und Fotos. Jeweils im Format 27,5 x 20,5 cm, geb.

Rhätische Bahn - Band 1: Reisezugwagen (vergriffen)
Rhätische Bahn - Band 2: Güterwagen
208 Seiten, 112 Fotos, über 600 Zeichnungen, ISBN 3-89494-104-9
Rhätische Bahn - Band 3, Triebfahrzeuge
224 Seiten, 167 Fotos, über 750 Zeichnungen, ISBN 3-89494-105-7
Rhätische Bahn - Band 4, Dienstfahrzeuge, Schneeräumung, Aktualisierung
224 Seiten, 173 Fotos, über 700 Zeichnungen, ISBN 3-89494-115-4
Furka-Oberalp-Bahn: 208 Seiten, 178 Fotos, über 600 Zeichnungen, ISBN 3-89494-111-1

VERLAG **SCHWEERS + WALL** GmbH · Postfach 10 16 43 · 52016 Aachen
Tel. 0241/87 22 51 · Fax 0241/8 52 06 · email schweers.wall@t-online.de
www.schweers-wall.de

2
1
Niedersedlitz
506